安全感是内心长出的盔甲

雷紫秋 —— 著

中国科学技术出版社

·北 京·

图书在版编目（CIP）数据

安全感是内心长出的盔甲 / 雷紫秋著. -- 北京：中国科学技术出版社, 2024. 10. -- ISBN 978-7-5236-0987-3

Ⅰ. B842.6-49

中国国家版本馆 CIP 数据核字第 2024WT3652 号

策划编辑	李　卫	执行编辑	安莎莎
责任编辑	李　卫	版式设计	蚂蚁设计
封面设计	仙境设计	责任印制	李晓霖
责任校对	张晓莉		

出　　版	中国科学技术出版社
发　　行	中国科学技术出版社有限公司
地　　址	北京市海淀区中关村南大街 16 号
邮　　编	100081
发行电话	010-62173865
传　　真	010-62173081
网　　址	http://www.cspbooks.com.cn

开　本	880mm×1230mm　1/32
字　数	118 千字
印　张	7.25
版　次	2024 年 10 月第 1 版
印　次	2024 年 10 月第 1 次印刷
印　刷	大厂回族自治县彩虹印刷有限公司
书　号	ISBN 978-7-5236-0987-3 / B·188
定　价	59.80 元

（凡购买本社图书，如有缺页、倒页、脱页者，本社销售中心负责调换）

序　言

在这个快节奏、高压力的时代，女性扮演着多重角色：我们是孝顺的女儿，是温柔的妻子，是慈爱的母亲，同时也是坚韧的职场女性。在多重角色的转换中，我们时常感受到来自各方的期望与责任，这些压力仿佛一座座无形的山，压得我们喘不过气来。生活的纷扰与琐碎让我们在忙碌中渐渐迷失了自我，焦虑、不安和缺乏安全感成为我们心灵的常态。

你是否曾在夜深人静时，感受到内心深处的惶恐和不安？

你是否总是看到某个视频或新闻时会莫名其妙地流泪？

你是否总是在这个瞬息万变的时代，看着人工智能（AI）技术的崛起，而担心不确定的未来？

你是否曾在镜子前，对自己的容貌和身材感到不满和焦虑？

你是否在感情生活中，体会不到被爱的感觉？那种孤独和失落，像阴影一样笼罩在你的心头？

你是否曾在孩子的教育问题上，感到迷茫和无助？

你是否曾在职场上，感到压力巨大，难以为继？

你是否在面临选择时，总是犹豫不决，生怕走错一步便是万丈深渊？

你是否在扮演各种角色的同时，忘记了那个最真实、最简单的自己？

如果这些问题触动了你的心弦，那么请继续阅读下去。这本书将与你一同探索和解决这些生活中的痛点。

身为心理咨询师，我亲眼见证了无数女性在生活中的挣扎与困惑。当她们紧握着我的手，含泪诉说内心的迷茫与痛苦时，我深感自己所肩负的责任。她们渴望寻回内心的平静与力量，但却往往感到无所适从。我明白，她们需要的不仅是倾听，更需要实用的方法和策略来指引她们重拾内心的宁静与坚韧。

这本书便是我为所有在困境中挣扎的女性写下的生活指南。它不仅凝聚了我多年来在女性成长教育和心理咨询领域的丰富经验，更是对女性心灵世界的一次深刻探索。我们将从探寻焦虑的根源出发，逐步深入剖析原生家庭、婚恋关系以及亲子关系对女性心理的深远影响。书中的每一个章节，都是一次心灵的旅程，将帮助你更深入地了解自己，找到前行的方向。这里没有高深的理论，只有实用的方法和真挚的共鸣。

无论你是初入职场的新人，还是已成为母亲、妻子的成熟女性，这本书都将为你提供宝贵的指引。它不仅是一本心理学的书籍，更是一本生活的指南，帮助你在纷繁复杂的生活中找到心灵的慰藉与力量。

现在，请翻开这本书，与我一起开始这段心灵的旅程。愿你在阅读的过程中，能够找到那个最真实、最简单的自己，让你的生活重新焕发光彩。

最后，我要感谢每一位走进咨询室的女性朋友，是你们的信任和分享，让我有了写下这本书的灵感和动力。（注：出于对当事人隐私的尊重及心理咨询保密规定的遵守，在分享这些案例时，我已采取适当措施以确保相关信息的匿名性。）同时，也要感谢中国科学技术出版社的编辑团队，他们的专业和细致，让这本书更加完美。

愿我们的心灵之旅从此不再孤单，愿这本书成为你生活中的一盏明灯，照亮你前行的道路。现在，就让我们携手翻开这本书，开始这段自我发现与疗愈的旅程吧！

目 录 CONTENTS

第一章
不安的内心：探索焦虑的根源 —————————— 001

第一节　惶惶不可终日的感觉：为什么会无休止的焦虑？　- 005
第二节　盾牌与包袱：认识焦虑的不同形式　- 011
第三节　我并非心情不好，只是有时会突然想哭　- 015
第四节　无法改变的担忧，无法控制的情绪　- 022
第五节　不完美的选择，不完美的人生　- 026
第六节　你有那么多身份，唯独忘了自己　- 031

第二章
解锁自我：原生家庭情感印记的转化之旅 —————— 035

第一节　从"小公主"到"眼中钉"：家庭关系如何塑造我们的
　　　　内心世界　- 039
第二节　父母的言语，心中的烦躁：解读内心对家庭情感的反应　- 043
第三节　结婚压力与父母期望：重新思考个人幸福的定义　- 047
第四节　负罪感的束缚：改变焦虑的循环，重建自我价值　- 050
第五节　别给自己贴标签：摆脱对自己的过度评判　- 053
第六节　用智慧超越困境：重新找回内心的力量　- 056

第三章
敏感心灵下的幸福寻觅：重塑爱情与婚姻的智慧之旅 —— 059

第一节	恋爱与情绪化的界限：认识自己的情感需求	- 063
第二节	在时光里静静守望：解读个人对爱情的期待	- 068
第三节	婚姻新解：爱情与合作的长久之道	- 072
第四节	完整家庭的苦衷：平衡个人幸福与孩子成长的关系	- 076
第五节	爱是理解的别名：建立和谐的亲密关系	- 081
第六节	解锁幸福密码：从理性看待伴侣开始	- 085

第四章
别把焦虑转嫁给孩子：守护孩子心灵成长 —— 089

第一节	"别人家的孩子"：乖孩子背后的隐形焦虑	- 093
第二节	倾听与理解：走进孩子的内心世界	- 100
第三节	情绪榜样：如何帮孩子建立自信与安全感	- 104
第四节	匮乏心态警示：孩子不是父母的荣誉勋章	- 107
第五节	家庭变故应对：如何向孩子坦白离婚真相	- 112
第六节	自我成长教育：如何成为孩子的好榜样	- 116

第五章
拒绝容貌焦虑：勇敢做自己 —— 121

第一节	自我形象焦虑：如何拥抱真实的自己	- 125
第二节	美丽比较陷阱：为何总觉得别人更美	- 129
第三节	体重疑虑：体重增加会影响爱情吗？	- 133
第四节	背后议论的痛：如何应对他人的外貌评价	- 137
第五节	追求完美的困境：理想形象与现实之间的挣扎	- 140

第六节　美的多样性：拒绝标签，自信绽放　　　- 143

第六章
安全感：你内心长出的盔甲　　　**147**

第一节　生活的不确定性：接受并适应未知的变化　　　- 151
第二节　不要强迫自己：找到平衡的生活方式　　　- 156
第三节　内心是最安全的角落：构建自我庇护所　　　- 160
第四节　接受不完美：在缺憾中找到真实的人生　　　- 165
第五节　与孤独共处：学会独立与自立　　　- 169
第六节　走出"我想要"的围城：追求内心的自由　　　- 173

第七章
心灵归航：找到回归平静的活法　　　**179**

第一节　不求时光倒流，勇敢面对遗憾　　　- 183
第二节　圆满的观念与人生的矛盾　　　- 186
第三节　闲言碎语，淡然处之　　　- 190
第四节　在有限的人生里，追寻心中的热爱与快乐　　　- 194
第五节　简单生活，抛弃过度的欲望与追求　　　- 198
第六节　接纳自己，勇敢活出自己的价值　　　- 202

测试量表　　　**207**

抑郁自评量表（SDS）　　　- 209
夫妻关系焦虑量表　　　- 214
亲子关系焦虑量表　　　- 217

第一章

不安的内心：探索焦虑的根源

你是否曾感受到内心的惶恐，觉得生活在无尽的困扰之中？你是否曾希望找到一种方式，让自己从焦虑中解脱出来？

小测试

寻找平静的密码

◎ 当面临困境时，你是否感到不安，没办法冷静下来？

◎ 你是否经常感到焦虑，仿佛有一个沉重的包袱压在心头？

◎ 当遇到抉择时，你是否总是犹豫不决，担心做出错误的决定？

◎ 你是否经常感叹自己的生活充满了未知和变数？

◎ 你是否常常不知道自己真正想要的是什么？

→ 如果是，请继续阅读下去，本章将帮你找到解决的方法。

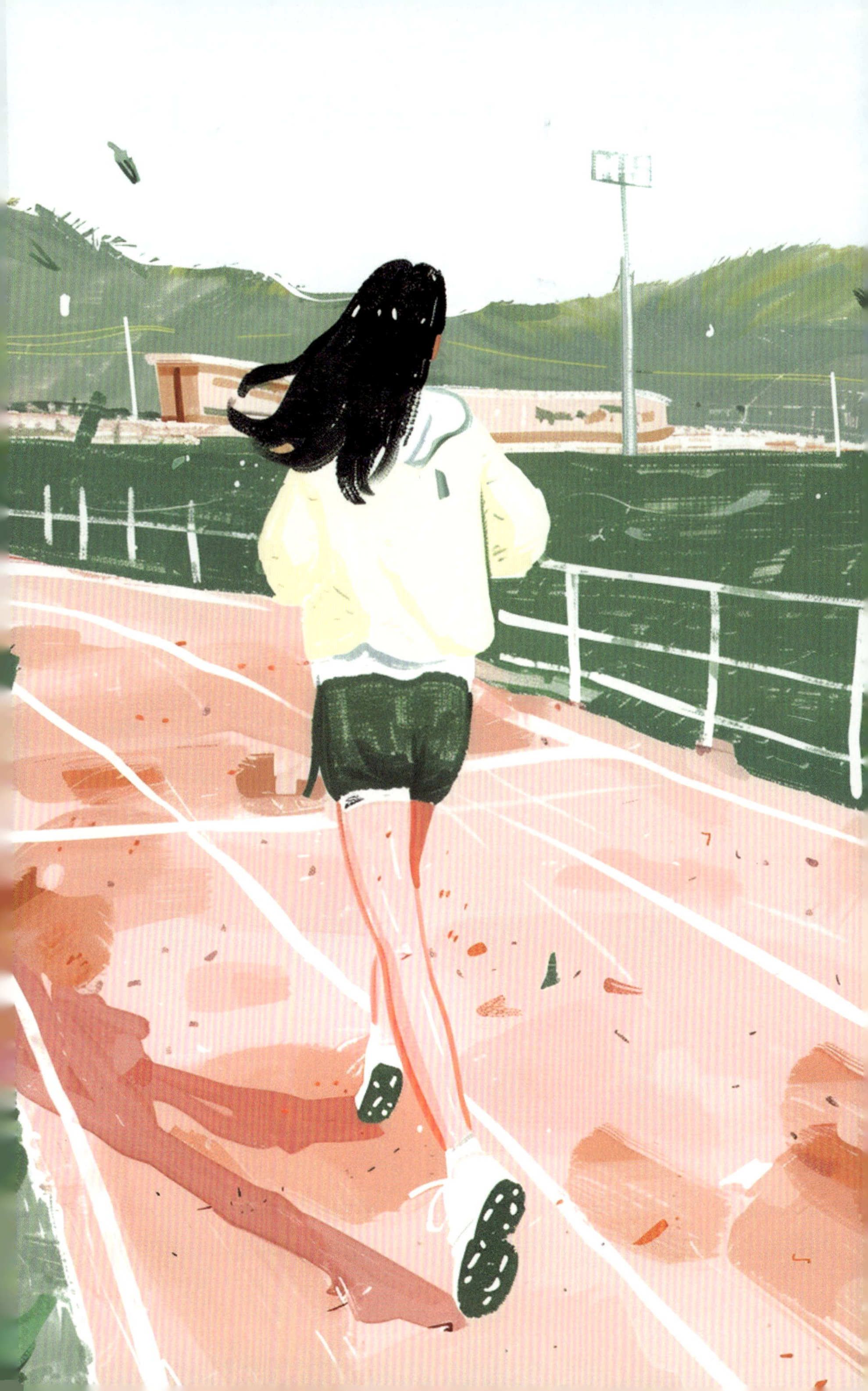

第一节 SECTION 1

惶惶不可终日的感觉：为什么会无休止的焦虑？

"在这个繁华都市中，我是一名年轻的职场新人。为了工作，我时常不得不加班熬夜。然而，工作之余，我沉迷于刷手机、看短视频和追剧，忽略了熬夜带来的危害。最近，我感到身体不适，这让我感到担忧。看到新闻报道中女性患癌率不断上升，我更加焦虑。我开始在网上搜索相关症状，试图找到解决办法。然而，尽管对自己的健康状况充满担忧，我却不敢面对现实，不敢去做全面的体检。这种恐惧困扰着我，使我陷入了困境。"

"毕业十三年，我依旧从事着一份平凡的工作，眼看周围的朋友们在事业和家庭方面取得了巨大的成功，我难以掩饰内心的落差与沮丧，这种鲜明的对比让我时常陷入失落之中。对于各种聚会，我选择逃避，不愿面对自己的平庸。我也曾考虑改变现状，尝试从事更具挑战性的工作或创业，但内心深处的恐惧阻碍了我的脚步。我担心自己的能力不足以应对新的挑战，害怕在新的工作中遇到无法克服的困难。这种恐惧引发了自我怀疑和焦虑，使我无法做出决定，仿佛陷入了一个恶性循环。"

"身为大龄单身女青年，我有着难以言说的苦恼。每一次爱情的萌发，都无疾而终，我总是无法遇见那个对的人。我宁愿独自生活，也不愿随便找个人嫁了，委屈自己。然而，看到父母满脸焦虑的样子，我的心如同被针刺一般痛苦。有一种声音总是在我耳边回荡：'35岁以上的初产产妇就是高龄产妇'，我无法对抗这种压力，它像一座难以翻越的高山，让我倍感焦虑和无助。"

你是否曾经有过类似的情绪体验？比如在出远门的前一天晚上辗转反侧，无法入睡；或者在考试前夕心中波涛汹涌，难以平静；又或者在接到新任务时，压力瞬间倍增，难以承受；还有在受到领导批评后，耿耿于怀，心中难以释怀。甚至在遇到一些微不足道的小事时，也会忍不住想到最糟糕的情况。这些难以预测、难以掌控的负面情绪真的让人感到身心疲惫不堪。

事实上，这就是焦虑！在《心灵的迷雾》一书中，作者深刻地揭示了女性内心深处普遍存在的一种情感状态："焦

> 虑，这种让人感到不安、紧张和恐惧的情绪，时常困扰着我们的心灵。它让我们恐慌、不知所措，甚至手心冒汗。有时候，我们甚至不知道焦虑从何而来，只是隐约觉得诸事不顺，却难以言明原因。"

这种不安的情绪，总是突然袭来，让人无处可躲。我们时常被各种问题困扰，比如没有足够的钱怎么办？生病了怎么办？找不到合适的伴侣怎么办？会不会婚姻不顺？孩子会不会遭遇校园欺凌？开车出门会不会堵车，会不会出意外？能否找到一份理想的工作？和别人相处不好怎么办？被人背后诋毁怎么办？

有时，我们甚至会患上强迫症，一遍又一遍地检查自己是否锁好了门。我们曾经经历过的悲惨事件，那些痛苦的回忆如影随形，让我们陷入噩梦连连的境况。在喧闹的人群中，我们总会感到不安，甚至害怕与人相处。一旦陷入焦虑的旋涡，我们就无法平静下来，经常感到疲惫无力，甚至寝食难安，无法专注于自己想做的事情。结果，我们就变得更加烦躁。

曾经，我的一位学员深陷于对丈夫出轨的担忧中。她花费了大量的时间和精力去追踪丈夫的行踪，关注他与哪些人交往，甚至会翻看丈夫的手机和聊天记录，试图寻找任何可能的线索。然而，这种行为并没有减轻她的焦虑，反而让夫妻之间的关系变得越来越紧张。

为了缓解内心的痛苦和焦虑，她开始采取一些不当的应对措施。她开始暴饮暴食，不停地吃各种食物，导致她的体重迅速增长了20千克。此外，她还沉迷于购物，不断购买各种物品，试图通过这种方式来获得满足感和安慰。然而，这些行为并没有解决问题，反而让她的财务状况变得岌岌可危，使她的焦虑更加严重，陷入了恶性循环。

焦虑，一种无处不在的情绪，有时却成为生活的"隐形杀手"。它或许源于我们对未知的恐惧，对变化的抵触，或者对自我能力的怀疑。面对焦虑，我们常常听到一些建议，如放松休息、欣赏美好事物、活在当下等。然而，这些建议往往只是蜻蜓点水，无法真正解决问题。实际上，焦虑的产生与我们的心理状态密切相关。

作为心理咨询师，我发现许多人在面对焦虑时，其实并不知道诱发其产生的根本原因。只有深入了解焦虑的核心机制，才能有效地摆脱它。

首先，人们对不确定性的容忍度较低。面对不确定的因素，如职业选择、感情归属或日常琐事，我们常常会感到焦虑。这种焦虑让我们想要通过一些行为来消除这种感觉，如在工作中遇到困难时盲目地选择辞职，但这种行为只能短暂缓解焦虑，长期来看可能会带来更糟糕的结果。

为了减少焦虑，我们需要学会在短期内容忍不确定性。接受不确定性会给我们带来不适感，但并不危险。随着时间的推移，我们的自信心会逐渐增强，焦虑感也会逐渐减轻。

其次，一些人有着过高的控制需求。 控制某些事情似乎会让我们感到安全，但过度控制可能会导致事与愿违。例如，说服配偶参与心理治疗可能会适得其反，努力让自己入睡反而会使自己更加清醒，而整夜担忧孩子的错误决定也并不能改变事实。

我们为什么会做这些无用功呢？**原因是当我们面对自己无法控制的事情时，会感到无助和焦虑。短期内，施加控制可能会让我们感觉安心，但这种安心只是短暂的，并不能真正解决问题。 只有了解焦虑背后的心理因素后，我们才可以更有效地应对它。通过接受不确定性并减少过度的控制需求，我们可以逐渐减轻焦虑感，让生活更加平静和自在。**

许多女性在焦虑的迷雾中徘徊，渴望找到摆脱这种负面情绪的方法；或是将这种情绪深埋心底，默默承受；甚至选择放弃，任由焦虑如暗夜般蔓延。然而，这些做法并不被推荐。焦虑，如同一道暗门，它本身并不可怕，真正可怕的是逃避和深陷其中无法自拔。

如果你正处于这种惶惶不可终日的情绪体验中，别独自承受，也别轻易放弃。**面对焦虑，我们不是孤独的旅人**。接下来我将分享一些缓解焦虑、掌控情绪的方法和建议，希望能够帮助你重新找回内心的平静与安宁。这是我们的共同目标，也是我们的共同责任。**让我们一起穿越焦虑迷雾，走向内心的平静与安宁。**

第二节
SECTION 2

盾牌与包袱：
认识焦虑的不同形式

焦虑，如同生活中的隐形伴侣，时隐时现。你感受到它了吗？让我们一起探索焦虑的真相，揭开它的神秘面纱。

你是否常常感到不安，是否担心未来可能发生的不幸事件，在放松的时候是否也常常感到紧张？让我们一起通过这个小测试来探索你内心的焦虑程度。

请仔细阅读以下每个问题，并选择最符合你情况的答案。A 表示完全不符合，B 表示较不符合，C 表示一般，D 表示较符合，E 表示完全符合。请根据第一印象做出判断。

1. 近几个月来，我常常感到不安。
2. 我经常担心未来可能发生的不幸事件。
3. 即使在放松的时候，我也常常感到紧张。
4. 我经常感到害怕，但不知道在害怕什么。
5. 我经常担心自己或家人的健康状况。

6. 我经常感到心跳加速、呼吸急促或者手心出汗，并且没有明显的原因。

7. 我经常担心自己会失控、发疯或者做出一些不好的事情。

8. 在没有明显原因的情况下，我经常感到烦躁。

9. 在人多的场合，我更容易感到恐惧。

10. 我经常无缘无故地感到担忧。

计分方法与结果解释：

选择"A"得1分，选择"B"得2分，选择"C"得3分，选择"D"得4分，选择"E"得5分。将所有问题的得分加起来，即为总分。

10~20分：表明你的焦虑程度较低，情绪状态比较稳定；21~40分：表明你的焦虑程度中等，可能面临一些压力或挑战；41~50分：表明你的焦虑程度较高，焦虑症状可能已经对你的日常生活、工作和人际关系造成了一定的影响。

焦虑，并不完全是坏事。它在某种程度上可以保护我们远离潜在的威胁。适度的焦虑可以激发我们的警觉性，促使我们采取行动。然而，当焦虑变得过度或无法控制时，它可能会转变成一种心理障碍，严重影响我们的生活。

人们之所以会感到担忧和焦虑，主要是因为他们对于未

来可能发生的事情感到无所适从。归根结底，这是因为他们对于不可预测的结果心怀恐惧，害怕失去对生活的掌控。

心理学家把焦虑分为三类：第一类是具体问题引起的焦虑，例如即将到来的面试、工作考核、债务压力等；第二类是假设性问题引起的焦虑，例如飞机坠毁、自然灾害或者健康问题等；第三类是混合型焦虑，既有具体问题又有假设性问题，例如婚姻中的情感问题或是在职场中的竞争压力等。

面对焦虑心理，我们不要慌张，**请相信，每一个阴影都源于光。**我们可以采取以下这些办法来缓解焦虑：

1. **接纳自己的情绪：允许自己存在焦虑和崩溃的情绪。**接纳这些情绪，直面它们而不是逃避。这样，你才能更好地释放和处理这些情绪。

2. **宣泄自己的情绪：找到一个安全的地方，释放你的情绪。**无论是与亲朋好友倾诉还是放声大哭大笑，让紧张和焦虑得到释放。记住，宣泄是缓解压力的重要手段。

3. **全神贯注于当下：**将注意力集中在当前任务上，让行动成为心灵的净化器。当你全身心投入时，焦虑的杂念会逐渐退去。

4. **记录问题并寻找解决方案：**将担忧的问题一一记录下来，运用头脑风暴法寻找解决方案。通过理性分析，确定最佳路径。这样，当再次感到焦虑时，你知道自己已经有了应对策略，就不会再继续焦虑。

5. **进行呼吸放松与肌肉放松训练**：呼吸放松和肌肉放松是焦虑的天然解药。在焦虑时，要关注自己的呼吸，控制并均匀呼吸，避免呼吸急促。通过深呼吸和肌肉放松，让身体与心灵一同回归平静。

6. **进行户外运动**：运动是促进多巴胺和内啡肽分泌的源泉。无论是跑步、打羽毛球还是登山，运动都能让你在挥洒汗水的同时，驱散焦虑的阴霾。在户外运动则可让你尽情享受阳光，释放负能量。

7. **培养兴趣爱好**：投入到一个你热爱的兴趣中，无论是阅读、看电影、听音乐还是绘画。这些爱好将成为你心灵的避风港，让你忘却无意义的焦虑感。

8. **寻求专业帮助**：如果焦虑已经严重影响到你的生活和工作，一定要及时寻求专业的帮助。专业心理咨询和治疗是焦虑管理的有力武器。记住，你不是一个人在战斗，我们始终在这里为你提供支持与建议。

第三节
SECTION 3

我并非心情不好，只是有时会突然想哭

以下画面，你是否觉得很熟悉？甚至也有过类似的情绪体验？在一个平凡的日子里，阳光灿烂，事情都很顺利，明明上一秒还很开心，但是下一秒情绪就突然莫名地低落下来了，仿佛有一股无法言喻的忧伤从内心涌现出来，忍不住想哭。那时的你，或许是坐在窗前，凝视着远方的风景，思绪漫游在一片静默的海洋中。或许是夜晚降临时，人们都安静地沉浸在梦乡中，你却无法入眠，在床上翻来覆去，心头沉重的情绪像一只无形的手紧紧握住你的心脏，让你感到窒息。泪水不断地滑落，伴随着深深的呼吸，你试图将这些悲伤的情绪排解出去，可这时你的心理防线却突然被突破，你彻底崩溃，直接号啕大哭起来。这些突如其来的情绪也许会让你觉得莫名其妙，明明觉得自己平时心态平和，为什么会有这样的情绪？

也许，你还会怀疑自己是不是神经质。其实在我们的生活中，有时候会突然莫名想哭，这并不是因为我们心情不好，而是我们的身体释放出来的信号：**你的情绪已经积压到顶点了。**

突然莫名想哭是一种情绪的释放。**哭泣可以帮助我们缓解内心的压力和紧张，让我们的心灵得到放松和舒缓。** 然而，我们也需要学会如何处理这种突如其来的情绪，不让它影响我们的日常生活和工作。

首先，我们要知道莫名想哭的原因和意义，通常来说，分为以下六点。

◎**生理反应**：有时候，我们会因为一些生理反应而突然想哭。比如，眼睛干涩、鼻子敏感、喉咙堵塞、女性的生理期等。这些反应可能是由于身体内部的平衡被打破，导致情绪的波动。这时哭泣可以帮助我们释放身体内的压力，缓解不适感。

◎**情绪调节**：当我们处于高度紧张的状态时，哭泣可以帮助我们放松身心，缓解紧张情绪。哭泣也可以刺激身体产生化学反应，释放出身体内的压力，让我们感到更加平静和放松。

◎**回忆触发**：有时候，我们会因为一些看似微不足道的小事而突然想哭，这可能是因为这些事情触动了我们内心深处的某种情感或记忆。这时哭泣可以帮助我们释放这些情感，让我们重新感受到曾经的经历和情感。

◎**心理需求**：有时候，我们会因为一些心理需求而突然想哭。比如，我们需要得到他人的关注和安慰，需要支持和理解等。这时哭泣可以帮助我们传达这些需求，让我们得到他人的关注和支持，满足我们的心理需求。

◎**情感宣泄**：有时候，我们会因为一些特定的事件而突然想哭。这些事件可能包括看到一部感人的电影、听到一个悲伤的故事、闻到一种熟悉的味道，等等。这时哭泣可以帮助我们宣泄情感。

◎**促进身心健康**：哭泣还可以促进身心健康。当我们哭泣时，眼泪中的化学物质可以减轻身体的压力和紧张，有助于缓解疼痛和改善睡眠质量。同时，哭泣还可以帮助我们更好地理解自己的情感和需求，从而更好地照顾自己的身心。

总之，突然想哭的原因和意义可能因人而异，但通常都与我们的生理反应、情绪调节、回忆触发、心理需求和情感宣泄等方面有关。

在面对这种突如其来的情绪时，我们可能会感到困惑、不安或无助。然而，哭泣并不是一种软弱的表现，而是一种正常的情绪反应。通过理解和接纳这种情绪，我们可以从中获得深刻的自我洞察和成长的机会。

案例分析（1）：音乐中的悲伤旋律

西西是一个性格开朗、平时很少哭的女孩。然而，有一天晚上，当听到了一首悲伤的歌曲时，她感到莫名的情绪涌上心头，眼泪开始在眼眶中打转。她不明白自己为什么会这样，因为她并没有遇到什么不开心的事情。在思考之后，她意识到可能是一些未解决的问题或情绪被压抑了。然而，她并没有找到明确的答案。

这个案例揭示了一个普遍的现象：有时我们可能因为一首歌曲、一部电影或一个特定的环境而触动内心的情感。这种情感的触发并不一定与外部事件有直接的关系，而是与我们内心的状态和过去的经历有关。

案例分析（2）：咖啡店的触发

丽丽是一个乐观开朗的职场女性，善于控制自己的情绪。然而，有一天在咖啡店，她突然闻到了一种特殊的咖啡香气，这让她想起了自己曾经经历的一段感情。瞬间，她感到莫名的悲伤。周围的人都在享受着自己的咖啡，没有人注意到她的感受。在控制好自己的情绪后，丽丽开始思考自己为什么会突然这样。后来，她意识到这可能是因为最近工作压力太大或者太累了。然而，她并没有抑制自己的情绪，而是选择允许自己感受这种悲伤。在短暂的时刻里，她沉浸在这份悲伤中，让眼泪自然流淌。

这个案例进一步说明我们哭泣的冲动可能是受到了环境的影响。一些特定的气味、声音或景象可能会激发我们深藏的情感。这种情感的触发并不是偶然的，而是与我们过去的经历和内在的情感状态有关。

你可能会问：那我们具体该如何应对这种突如其来的想哭的情绪呢？

接下来，我将为你提供七个实用的建议，帮助你更好地处理和应对这种情绪。

◎ **坦然接受情绪**：当你突然感到想哭时，不要急于抵制或否定这种情绪。认识到这是身体的自然反应，它可能在告诉你："喂，你得好好照顾我哦！"所以，先深呼吸，对自己说："我现在感到有些难过，这是正常的。"

◎ **找个安静的地方**：当你感到情绪涌动时，找一个安静、私密的地方，让自己有空间去体验和释放这些情绪。这个地方可以是你的卧室、公园里一个安静的角落，或是任何你觉得舒适和安全的地方。

◎ **倾听内心的声音**：哭泣往往是因为内心深处有一些未

被满足的需求或未处理的情绪。尝试静下心来，倾听你内心的声音，问问自己："我现在真正需要的是什么？"也许是休息、是关注、是安慰，或者是某个问题的答案。

◎ **表达与宣泄**：有时候，把心里的感受说出来或写下来会很有帮助。你可以找一个亲密的朋友倾诉，或者在日记本上写下你的感受。这样做不仅能帮助你厘清思绪，还能让你感到更加轻松。

◎ **进行放松活动**：在情绪得到一定释放后，尝试进行一些放松活动，如深呼吸练习、瑜伽、冥想或听轻柔的音乐。这些活动可以帮助你进一步平复情绪，恢复内心的平静。

◎ **寻求专业帮助**：如果你发现自己莫名想哭的情绪无法得到有效的控制，或者持续了很长一段时间，已经影响到了日常生活和工作，那么你可以寻求专业帮助。心理咨询师可以帮助你更好地理解自己的情感和需求，找到有效的解决方案来处理你的情绪问题。同时，他们还可以提供一些实用的技巧和策略来帮助你更好地应对突如其来的情绪。

亲爱的朋友，如果你正处于这种经常莫名想哭的情绪体验中，别着急，也别沮丧，更别担忧或自责。**人生就像一部交响乐，既有欢乐的乐章，也有悲伤的旋律。每一种情绪都**

是我们内心世界的真实反映，都有它存在的价值和意义。

哭泣并不代表你是弱者，这只是你情感的释放和宣泄。它是我们内心深处的治愈力量，可以帮助我们面对和解决困难。

请记住，**情绪的起伏是生活的一部分，没有绝对的好与坏。接纳并理解自己的情绪，是成熟的重要标志。**当你学会与各种情绪共处时，你会发现自己更加了解自己，更有力量去面对生活中的挑战。

所以，当你再次感到莫名想哭时，不要抑制它，让泪水流淌，让情绪释放。**就像天空中的云彩，有时会带来阴霾，但总会带来阳光。**相信自己的力量，相信明天会更好。

第四节 SECTION 4

**无法改变的担忧,
无法控制的情绪**

不知道如何抗拒忧虑的人,都会短命而死。

——阿利西斯·科瑞尔

这句来自诺贝尔医学奖获得者阿利西斯·科瑞尔博士的忠告,这并非危言耸听,而是对我们诚恳的提醒。在面对困难时,我们常常会觉得最坏的情况即将来临,从而陷入焦虑不安之中,失去了对生活的兴趣。

然而,试问,担忧真的能改善现状吗?那些最坏的情况真的发生了吗?

想象一下,如果你是一位热爱绘画的艺术家,突然发现自己的画笔断了,于是你开始担忧:没有画笔怎么创作?我的展览怎么办?别人会怎么看待我的作品?焦虑让你无法集中精力去购买新的画笔。实际上,你的担忧并不能让画笔复原。当冷静下来,你会发现有许多方法可以解决问题,如购买新画笔，或者尝试使用其他工具继续创作。行动，而非担忧，才能带来改变。

再举一个例子，假设你正在准备一场重要的考试，你担心自己可能不会通过，就开始想象失败后的场景。这种担忧只会让你更加紧张，影响你的发挥。如果你将担忧转化为行动，比如制订复习计划或寻求帮助，你就为自己通过考试创造了可能。行动，而不是担忧，才能改变结果。

因此，**无论遇到何种困难或挑战，我们首先应该保持冷静，然后采取积极的行动来解决问题。因为再多的担忧也无法改善现状，只有通过行动，我们才能改变。**

倩倩是一个多愁善感、心思很重的人，心中的忧虑让她觉得自己总是遇到很多麻烦。在新冠疫情暴发的那三年里，她的生活中也的确发生了很多事，她觉得"世界上一切的烦恼都落在了我的肩膀上"。这几件事确实很麻烦，如果是别人遇到了也会觉得难以解决：

1. 倩倩经营的中小企业在新冠疫情期间遇到了问题，她甚至担心自己的企业会因此而倒闭。因为在这段时间，许多企业都面临困境，经济形势不容乐观，而对于一个刚刚起步的企业来说，生存空间更加狭小。

2. 倩倩的丈夫是一名医生，他每天都冒着生命危险奋战在抗疫一线。倩倩非常担心丈夫的安危，时刻为他祈祷。

3. 倩倩每天都要排队很久去买食品和生活用品，因为疫情导致供应紧张，她担心在疫情结束之前还要继续面对这样的困境。

4. 倩倩的孩子今年就要高中毕业了，她想让孩子考大学，但是她家经济受到了疫情的冲击，根本没钱给孩子交学费，她担心孩子知道这件事后会非常伤心。

在这些烦恼的困扰下，倩倩整天忧心忡忡，非常痛苦。她几乎每天都把全部精力放在这些问题上，但却想不出一个好的解决方法。甚至，她把这些问题写在一张纸上，贴在家里的墙上，每天都要看几遍。事实上，这样做除了给倩倩徒增烦恼，没有一点积极的作用。久而久之，连倩倩自己仿佛都把墙上贴的这些纸条当作是一种"装饰"，慢慢把它们全都淡忘了。

三年之后，当她整理家里的物品的时候，这张写着她当时四大烦恼的纸条又摆在了她的面前。而戏剧性的是，这个时候的倩倩，早就已经不被这些问题所困扰了。那么，它们又是怎样被解决的呢？

1. 就在倩倩的企业快要倒闭的时候，政府出台了一系列支持政策，帮助企业渡过难关，倩倩的企业也逐渐走上了正轨。

2.经过大家的共同努力，疫情得到了有效控制，倩倩的丈夫平安地回到家中，他抗疫的英勇事迹也被许多人所称赞。

3.随着疫情的缓解，供应链逐渐恢复正常，倩倩不再需要排队购买生活用品，生活变得更加便利。

4.倩倩的孩子通过努力考上了一所知名大学，虽然家庭经济受到了一些冲击，但是通过亲友的帮助和奖学金的资助，孩子顺利进入了心仪的大学。

这时候的倩倩方才恍然大悟：自己以前所担心的那些事情，绝大部分都是不会发生的。而自己总是被那些事情弄得心情郁闷，简直就是在自寻烦恼，是非常不明智的。从此以后，每当有烦心事的时候，倩倩都会想尽一切办法把那些事情忘掉。

这个故事启示我们：不必为尚未发生或可能永远不会发生的事情过度忧虑。面对人生的波折和困难，我们应该学会解决问题，而不是在未发生的事情上提前烦恼。放下包袱，勇敢前行，用坚定的步伐和积极的态度迎接挑战。记住，忧虑不能解决问题，行动才是最好的解决之道。勇往直前，让你的生活充满阳光和希望！

第五节
SECTION 5

不完美的选择，不完美的人生

在人生的旅途中，我们不断面临选择与放弃，而每个决定都伴随着代价和遗憾。回首往昔，我们常常沉浸在"如果当初"的遗憾之中，却往往忽略了每个选择背后都有沉重的代价。生活总是在事与愿违中前行，而我们能做的，就是坦然接受现实，尽力而为。

在人生的舞台上，每位女性都扮演着多重角色，内心隐藏着挣扎与痛苦。我曾读到这样一段话："人生有三种苦：得不到，所以痛苦；得到了，感觉不过如此，也会痛苦；放弃了，却又发现那对自己多么重要，仍然觉得痛苦。若能保持平常心，把得失看淡一点，人生就可以不苦。"这段话深刻地揭示了人生痛苦的根源。

在生活中，几乎每个女人心中都有一座天平，左右两端分别放着"得"与"失"的筹码。这座天平就像人生的舞台，展现着我们的喜怒哀乐。然而，天平很少能真正平衡，因为每个人都希望"得"多一些，"失"少一些。于是，我们在患得患失间犹豫挣扎，就像一曲节奏跌宕起伏的音乐。

琳琳在一家知名公司担任部门经理，她以高效和优秀的工作能力赢得了同事和上级的赞誉。然而，随着职位的提升，压力和责任也越来越大。她感到自己的身体状况逐渐下滑，经常出现心慌、手抖等症状。尽管如此，她依然坚持工作，努力保持自己的优秀状态。

随着时间的推移，琳琳开始思考自己的生活和未来。她怀疑自己能否承受这种压力，是否应该继续在这个领域发展。她知道自己的身体需要休息和调整，但她无法放下对工作的执着和追求，更害怕一旦自己松懈下来，就会被竞争对手超越，失去现有的职位。

就在这时，琳琳收到了一封猎头公司的邮件。对方表示有一个职位与她的背景和经验非常匹配，询问她是否有兴趣。琳琳看完邮件后有些心动，但同时也感到迷茫和不安。她不知道自己是否应该抓住这个机会，还是继续在现在的公司坚持下去。

在这个举目无亲的大城市里，琳琳不知道该如何抉择。

她还有许多未实现的梦想，需要一大笔启动资金。如果一切重新开始，谁又能保证起点能跟现在一样呢？犹豫、茫然、疲惫、焦虑等负面情绪不断地侵袭着她，使她无法专心工作，内心承受着沉重的压力，心情也变得越来越烦躁。她陷入了一个痛苦的沼泽，等待着被救赎。

这让我想起一个关于捕猴子的故事。猎人在山林中放了一个窄口的罐子，里面装满了猴子爱吃的坚果。猴子获得罐子后非常高兴，但发现自己无法握着拳头伸出罐子时非常生气和焦虑。最后猎人利用猴子的这种心理拿走了罐子并抓住了猴子。

人生也如同这个故事一样充满了选择。我们总是面临各种选择和机会：工作、家庭、爱情、梦想……每个选择都像是一个窄口的罐子，有时候我们为了得到它需要付出很多努力和时间。然而随着时间的推移我们可能会发现手中的罐子并不是我们真正想要的或者需要的，这时我们是否还要继续为了拥有这个罐子而放弃其他更重要的东西呢？这需要我们深思熟虑并做出正确的选择。

患得患失是在痛苦与无聊、欲望与失望之间摇晃的钟摆，永远没有真正满足、真正幸福的一天。 得与失犹如一道明亮的镜子，反射出人生中的无常与矛盾。对于琳琳来说，患得患失的心态使她无法摆脱痛苦与无聊的循环，欲望与失望的阴影始终笼罩着她。然而，她逐渐明白，只有自己才能决定自己的命运，只有自己才能解开患得患失的枷锁。

人生道路上的得失，就如同季节更替般自然。我们不能期待每个选择都能带来完美的结果，也不能控制未来的变数。然而，这并不意味着我们不能享受人生的旅程。 当我们学会放下过度的期待和焦虑，当我们学会接受不完美的选择和不完美的人生后，我们才能真正感受到生活的乐趣。

人生，不可能有完美的答案。无论如何选择，遗憾总是如影随形。换个角度看，那些未能实现的梦想、未能如愿的期待，都是我们成长的烙印，教会我们释怀与坦然。与其在遗憾中沉沦，不如在微笑中与生活和解。

面对无奈，我们要学会释怀。生活，总有些不尽如人意的时候，让我们心灰意冷，但请记住，这个世界上没有完美的人生，每个人都有自己的无奈和遗憾。接受缺憾，与自己和解，才能拥抱当下的幸福。

人生就像单程列车，一旦启程，就要勇往直前。别为过去的选择而后悔，也别为未来的未知而恐惧。既然选择了远方，便只顾风雨兼程。只要心中有光，就能照亮前行的路。

村上春树告诉我们："**世界上根本没有正确的选择，我们**

所能做的是努力让当初的选择变正确。"所以，让我们怀抱希望，乐观豁达地迎接人生中的每一个挑战。因为在这不完美的人生中，我们始终是自己最坚强的后盾。

第六节
SECTION 6

你有那么多身份，唯独忘了自己

作为母亲、妻子、女儿、职场人士，女性在生活中扮演着无数角色。然而，在这些角色的交织中，我们是否曾迷失了自我？ 曾经，一篇名为《母爱的阴影：在扮演完美母亲中迷失自我》的文章在网络上引起了广泛关注。它揭示了初为人母者在现实生活中的挣扎和困境，这让我们不禁思考：在成为母亲的过程中，有多少女性忘记了享受这个过程，甚至忘记了自己最初的模样？

我们也许听到过女性因为产后抑郁而携子自杀的消息。 这些问题的根源在于，当女性的身份发生巨大转变，承担起抚养另一个生命的责任时，她们内心的焦虑和压力往往得不到释放，甚至不知道如何为自己注入能量。她们每天都沉浸在繁忙的日程中，属于自己的时间越来越少，自己的人生目标似乎变成了养育孩子。在母亲这个身份中，她们永远觉得自己做得不够好。然而，**每个女性都拥有多重身份，只有在自我和其他身份之间找到平衡，才能减少焦虑和抑郁。**

一项调查显示，近五分之一的母亲在成为母亲后感到自己与他人的联系减少，近四分之一的母亲感到自己不再受人尊重。这些数字令人警醒，揭示了女性在成为母亲后面临的挑战和压力。**在这个充满"身份标签"的社会里，人们过于关注与外界的交流和接触，而忽视了与内心自我的沟通。我们在人生舞台上扮演着各种角色，但我们常常忘记了最重要的角色——我们自己。**

以小丽的故事为例。当夜幕降临，小丽躺在床上时，工作中的焦虑和不安充斥着她的内心。新冠疫情过后，她的生活变得一团糟。丈夫因感染新冠病毒去世，她只能独自抚养两个孩子。每天她都努力工作维持生计，但深夜时分，孤独和疲惫总是会涌上她的心头。这个月，小丽终于签下了一份重要的合同，获得了可观的提成。她躺在床上，思考着如何使用这笔钱。孩子们的兴趣班还没有报名，家里的床单早已破旧，此外，她还想为孩子们买新的书架和书桌。丈夫去世后，她一直努力工作，但家里仍一直处于经济拮据的状态。尽管小丽只有32岁，但她被生活压得喘不过气来。她的生活重心完全放在了孩子和家庭上，几乎没有时间照顾自己。她已经记不清上一次静静地看书，上一次去美容院护理皮肤是什么时候了。她觉得自己仿佛已经迷失了自我。

然而，有一天，小丽决定给自己放一天假。她去商场买了一套新的床上用品，为家里带来了新的氛围。随后，她带着孩子们去报名了兴趣班。她计算了一下手头的钱，如果再购买书架和书桌，就只剩下1000元了。她犹豫了一会儿，考虑是否将这笔钱省下来，用作生活费。就在她思考的时候，她路过一家花店，突然想起自己很久都没有买鲜花了，曾经的她是那么热爱生活。她停下来买了几支百合和玫瑰，心情顿时明朗起来。不知怎么了，她突然有了走进一家咖啡馆，享受一段独处时光的冲动。

小丽点了一杯咖啡和一份甜点，静静地坐在咖啡厅里，周围的一切都显得宁静有序。她已经太久没有像这样好好地休息过了，工作、孩子、生活压得她喘不过气来。但此刻，她突然意识到自己和周围的人并没有什么不同，每个人都有追求幸福和享受生活的权利，即使她是一个单亲妈妈，但这并不意味着她就必须放弃自己的生活。走出咖啡馆，她径直前往电影院，观看了一场自己喜欢的电影。她完全沉浸其中，虽然现在她只能一个人看电影，但电影及浪漫的环境对她的吸引力和感染力并未减弱。

电影结束时，夕阳西下，小丽提着东西走在回家的路上，她的影子被夕阳拉得很长。这一天发生的一切就像是一场梦，现在梦已经醒来，小丽即将回到现实生活中。然而，她感到非常满足。这么长时间以来，她一直为许多人操心，孩子、公婆、父母、上司、客户、朋友，但她唯独忘记了自己。虽然她只是小小地奢侈了一把，但真正的价值不在于那些钱，而在于她重新找回了自己。她决定，不再为别人的期望而活，要为自己的幸福而努力。

有位心理学家曾说，痛苦就像迷雾，源于认知的局限和障碍，而情绪只是指引我们找到出路的灯塔。 换句话说，我们之所以会在情绪的海洋中迷失，是因为我们对自我本质的了解还不够深入。**不要再为别人的期望而活，而是要为自己的幸福而努力！在这个世界上，没有任何人能比你更了解你自己。** 你的独特性、你的价值、你的感受都值得被重视和珍视。让我们一起成为那个独一无二的自己！

第二章

解锁自我：
原生家庭情感印记的转化之旅

你是否曾经因为在原生家庭中的经历而感到痛苦？你是否曾经想要从这些经历中走出来，寻找自己的道路？

走出原生家庭的阴影

小测试

◎ 你是否曾经因为父母的期望而感到有压力和困扰?

◎ 你是否曾经因为听到父母的言论而感到烦躁和不满?

◎ 你是否常常感到自己过去的经历影响到了现在的生活?

◎ 你是否曾经因为负罪感而不敢追求自己的梦想?

◎ 你是否曾经想要摆脱原生家庭的影响,寻找自己的道路?

→ 如果是,请继续阅读下去,本章将为你揭示解决之道。

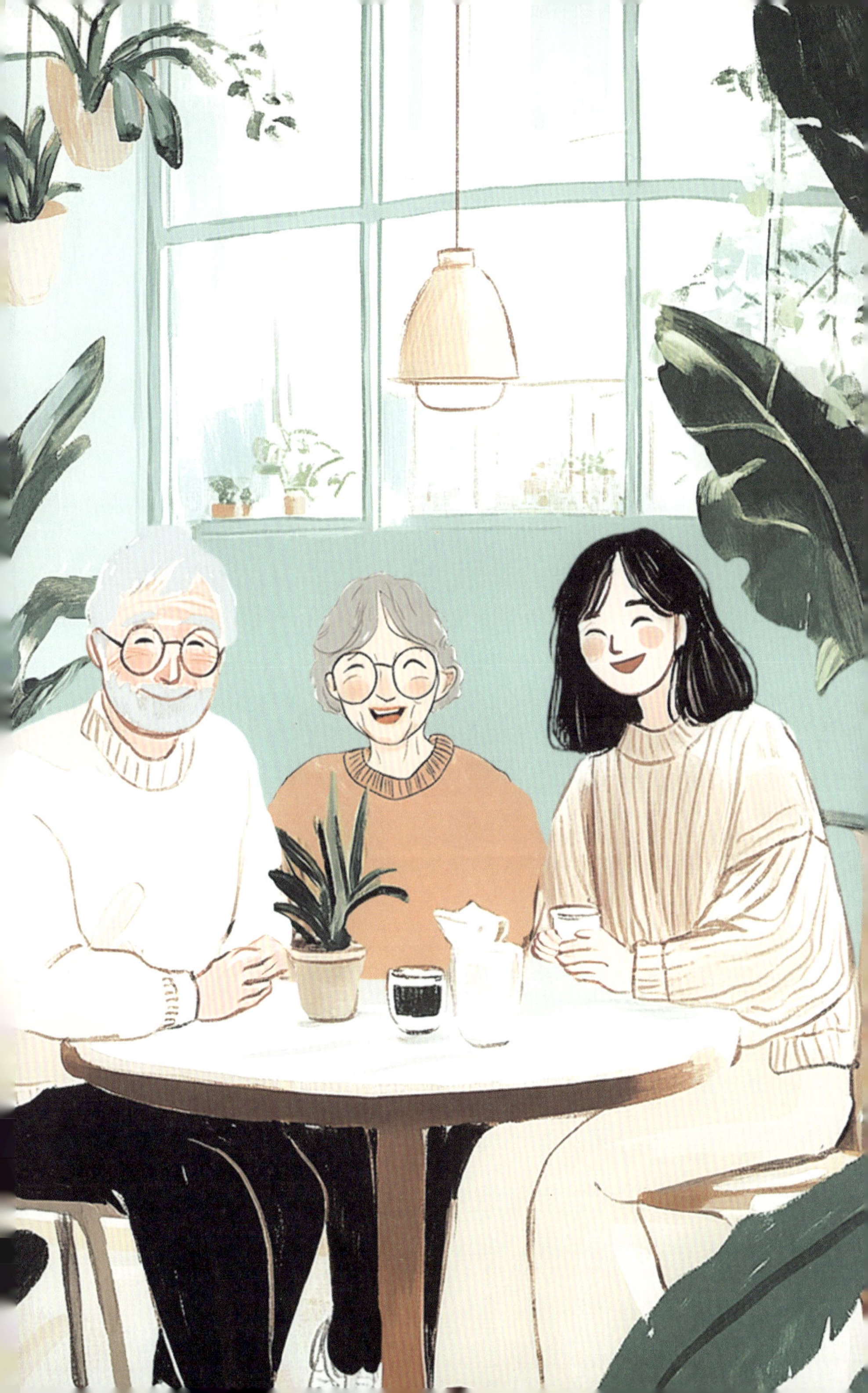

第一节 从"小公主"到"眼中钉"：家庭关系如何塑造我们的内心世界

SECTION 1

在人生的长河中，<u>家庭是塑造一个人个性和世界观的摇篮</u>。曾几何时，我们如同童话中的公主，享受着父母无尽的关爱与呵护。但随着岁月的流逝，我们是否会突然发现自己成了他人的"眼中钉"，这种转变背后隐藏着怎样的家庭关系的秘密？

<u>家庭环境的影响，远超我们的想象。它不仅关乎物质条件，更深入培养理念、教养方式与价值观念的每一个细节。</u>这些元素交织在一起，形成了每个家庭独特的氛围，进而塑造了我们的性格、情感与行为模式。

你是否曾深入思考过，父母的教育方式是如何影响你的性格和自我价值感的？在我过往的学员中，有一位名叫晓婷的女孩，她的父母对她非常严厉，经常指责她的行为并对她抱有很高的期望。晓婷从小就承受着父母的批评和不满

意，这使得她成长为一个自卑感很重的女孩，常常觉得自己不够好，对自己的能力缺乏自信，甚至会因此而避免与他人交往。

严厉的指责和批评会让孩子产生自卑感和自我怀疑。这种教育方式可能会导致孩子对父母的评价产生过度依赖，进而影响他们的自我价值感。在长期缺乏鼓励和支持的环境中成长，孩子可能会形成自卑的性格特质，并对自己的能力产生怀疑。

然而，并不是所有的人都会受到父母苛刻的教育方式的影响。还有另外一个名叫晓雨的学员，她的父母虽然对她也抱有很高的期望，但是他们更注重鼓励和肯定。晓雨从小就能感受到父母对她的努力和成就的认可，这使得她成长为一个自信、有追求的女孩。她对自己的能力充满信心，面对挑战时也能够积极应对。

鼓励和支持的教育方式能够培养孩子的自信和自尊。当父母对孩子的努力和成就给予肯定和赞赏时，孩子会更容易形成积极的自我暗示，并对自己的能力充满信心。这种教育方式有助于培养孩子的自主性和自我价值感，使他们能够在困难面前保持乐观和积极的态度。

**家庭环境如同一面镜子，映射出我们成长的模样。在过

于严格的家庭环境中成长的孩子，往往更容易形成自卑和没有安全感的性格特质。 他们可能会对自己的能力产生怀疑，对人际关系持谨慎的态度，甚至可能形成逃避或反抗的行为模式。然而，在鼓励、支持和理解的家庭环境中成长的孩子，往往更有自信和追求，他们能够更好地处理人际关系，面对困难时也能够积极应对。

家庭环境对孩子的情感发展和社交关系有着重要影响。在温暖、支持和鼓励的家庭环境中成长的孩子，往往更容易建立良好的人际关系，并对困难持有积极应对的态度。 相反，在冷漠、批评和控制的家庭环境中成长的孩子，可能会对人际关系感到不安和困惑，可能在面对困难时感到无助和沮丧。

我们的自我价值感往往源于父母对我们的评价。一句鼓励的话语、一个肯定的眼神，都可以让我们瞬间找到自信。 然而，如果父母经常责备我们，或者对我们抱有过高的期望，我们很可能会对自己的能力产生怀疑，甚至陷入深深的自卑中。这种自我怀疑会阻碍我们在生活和工作中发挥自己的潜力。

看到这里，你是否已经开始回忆自己的童年？是否已经意识到家庭环境对我们的影响之深？那么，让我们一起努力，为自己的未来创造一个更美好的家庭环境吧！无论是通过与父母沟通、调整自己的行为模式，还是寻求专业的心理咨询师的帮助，我们都可以找到适合自己的方法来改变现状。

家庭环境对个人的成长和发展具有深远的影响。通过与父母沟通、调整自己的行为模式或寻求专业帮助，我们可以重新建立健康的家庭关系，从而为自己创造一个更美好的未来。

最后，我想说：**无论曾经经历过什么，你都是这个世界上独一无二的存在。**

第二节 SECTION 2

父母的言语,心中的烦躁:解读内心对家庭情感的反应

你是否曾遇到过这样的场景:一天的劳累之后,你渴望在家中寻得片刻宁静,却被父母连珠炮般的提问所困扰? 他们关心你的工作进展、生活细节,甚至不时提起你的个人大事,这些可能令你感到烦躁不安。**这种情绪的背后,或许隐藏着父母的不理解或过度干涉。**

例如,你可能会听到如下问题:"今日的工作如何?""想吃些什么?""什么时候考虑找个伴侣?""为什么还不结婚?""什么时候生二胎?"这些问题可能会让你感受到压力,因为你渴望独立掌控自己的生活轨迹。

这种现象并不罕见。许多成年子女在与父母相处时都面临类似的问题。我们必须认识到,亲子间的情感联系是复杂而微妙的。父母曾是我们成长过程中的伙伴和最亲密的人,但随着我们步入成年阶段,追求个人的生活和目标,与父母

的关系也随之变化。

遗憾的是，许多父母未能适应这一转变。他们仍旧像对待孩童般关心你的饮食、着装、职业等，使你感觉自己永远无法真正独立。 此外，有些父母可能会对你的工作、婚姻选择发表意见，这无疑会让你感到排斥，因为你希望自主选择并承担相应的责任。

观念冲突或许是导致这种沟通障碍的原因之一。在传统观念中，父母常被视为家庭权威，而新时期的思想则激发了年轻人的独立意识。这两种思想的碰撞，使得父母与子女间的分歧愈发明显。

特别是在两种典型的父母面前，子女的不满和冲突感尤为强烈。首先是"扫兴型父母"，可能出于他们自身的成长背景，他们无法恰当地表达关心与鼓励，反而将之表现为嘲讽或打压。**其次是"控制型父母"**，他们将孩子视作自己的延续，以爱之名行干涉之实，这种行为不仅束缚了孩子，还破坏了亲子间的信任。

以2023年高考后的一个事件为例，一名重庆女孩梦想进入中央戏剧学院学习表演，但她的母亲却坚持让她留在本地成为教师。尽管女孩偷偷更改了志愿并被心仪的学院录取，但她的母亲却偷走了她的录取通知书，试图阻止她追梦。幸运的是，这名女孩坚定地选择了自己的人生道路。

在这一案例中，我们看到的是"控制型父母"的典型行为。他们期望子女遵循自己的意愿生活，却忽视了子女的个人梦想和追求。**真正的爱应该是尊重而非控制。**

无效沟通也是引发子女排斥父母的关键原因。当父母无法理解子女的内心世界时，他们的决定或言论可能会造成子女的痛苦。例如，面对子女的抑郁症或失眠问题，一些父母可能会简单归因于闲散，而忽略了孩子真正的心理需求。

那么，我们该如何改善与父母的关系呢？**首先，我们需要学会表达自己的感受和需求，告诉父母我们希望得到更多的空间和自由。同时，我们也应尝试理解父母的立场，并与他们进行有效的沟通。**在父母表达关心时耐心倾听，理解他们的出发点是对我们的关爱。

其次，我们可以改变与父母的互动方式，邀请他们参与活动，如一起旅行或看电影，以此增进彼此的了解和感情。在这些共同的经历中，我们可以分享快乐和感动，加深相互间的理解。

最后，我们不应忘记给予父母关心和爱。他们是我们生命中至关重要的人，我们的关爱也会直接影响到他们的幸福。无论多忙，我们都应经常与父母联系，通过电话、信件或小礼物来表达我们的爱意。

总结来说，作为成年子女，**我们虽不能改变过去，但可以采取措施避免陷入情绪困境。**在这段亲子旅程中，**适时表达情感、管理情绪，才能让我们的关系更加成熟，亲情之路更温暖，才能减少纠结和遗憾。**

第三节 结婚压力与父母期望：重新思考个人幸福的定义

在人生的旅途中，我们常常面临各种压力和期望，其中结婚压力和父母期望是难以回避的问题。此刻，重新思考个人幸福的定义显得尤为重要。你是否也曾在自由与责任之间挣扎，在追求梦想与满足父母期望之间迷茫？

你是否常常听到母亲的担忧，担心你孤单地生活？她是否期望你能尽快结婚，组建自己的家庭，让她的心愿得以满足？你深知她的担忧与爱意，但也有自己的坚持与想法。**你追求幸福，所以拒绝为了无爱婚姻而牺牲自己的幸福。你不想为了满足他人的期望而违背自己的内心。**

想象一下，你站在人生的十字路口，一边是父母期望你走上他们为你选择的道路，而另一边是你自己内心深处的梦想和追求。你犹豫、挣扎，试图在两者之间找到平衡。那么，当你的父母期望你结婚以满足他们的心愿时，你该如何抉择呢？

丹丹，一个聪明、有追求的女性，也曾面临这样的抉择。她告诉我："为了完成父母的心愿而结了婚，是我这辈子最后悔的一件事。"她的母亲身体不好，经常对她说："别让我去世之前，看不到你结婚。"在这样的刺激下，丹丹选择了结婚。然而婚后的生活让她痛苦地意识到，她并不是真的爱这个男人，也无法和他共度一生。

每当夜深人静时，丹丹总会问自己："我做得对吗？"为了父母的期望，她牺牲了自己的幸福。而这样的牺牲，是否真的值得？每个人都可能面临这样的抉择：为了别人的期望，还是为了自己的梦想？当两者发生冲突时，我们又该如何选择？

在这个案例中，我看到了丹丹的痛苦、挣扎和后悔，但我也看到了她的勇气和决心。她告诉我："如果有一天我为自己的选择而后悔，他们也会用同样的话语来让我坚持过一辈子。"这让我意识到，我们需要为自己的选择负责，而不是被别人的期望所左右。

人生路上充满选择，每个选择都充满挑战。在这个世界上，每个人都有自己的经历和选择。无论是单身、结婚还是离婚，我们都有权利追求自己的幸福。如果还没有遇到那个对的人，不要因为年龄或者其他原因而妥协。**爱情总归是婚姻的前提，结婚终究是自己的事情。**

正如电影《剩者为王》中所说："对很多人来说，爱情和婚姻不是百分百对等的……她不应该为父母亲结婚，她不应该在外面听什么风言风语，听多了就想着要结婚。她应该想着跟自己喜欢的人白头偕老的，去结婚。昂首挺胸的，特别硬气的，憧憬的，好像赢了一样。"

所以，无论你现在是单身、已婚还是准备结婚，最重要的是你要坚定地相信自己的选择。**只要你幸福快乐，就是对父母最好的孝顺！**

第四节 负罪感的束缚：改变焦虑的循环，重建自我价值

在菲茨杰拉德的文学巨著《了不起的盖茨比》中，女主人公黛西的人生轨迹深受原生家庭影响，她的情感与命运犹如一幅细腻的画卷，在原生家庭的熏陶下缓缓展开。她的痛苦与悔恨实则源于在家庭期望与自我追求间的挣扎与纠结。这种对"如果当初"的反复追问，正是由负罪感所驱使的，它源于对自我行为的过度苛责，而这种苛责又往往与原生家庭所赋予的期望与现实的落差紧密相连。

从心理学的专业视角来看，原生家庭与负罪感之间存在着复杂而微妙的联系。**在多数文化背景下，个体自小便被灌输要对自己的行为后果负责的观念，这种责任感在原生家庭中尤为凸显。父母无意识的言行，或许就在无形中为我们设定了完美的标准，使得我们在面对失败时，内心会涌起强烈的负罪感。**

以婉儿为例，这位在职场中叱咤风云的女性，一次项目的失败却让她深陷自责的泥沼。尽管外界并未对她有所苛责，但她内心的负罪感却如影随形。这种负罪感，很可能源于她在原生家庭中习得的反应模式，这使她在面对失败时，难以释怀。

再来看晓芳，这位原本热爱生活的女人，因一次意外失去了心爱的孩子，从此她便陷入了自责与愧疚的深渊。她无法原谅自己的疏忽，甚至开始怀疑自己的价值和存在的意义。这种深刻的自责，同样可以在她的原生家庭中找到根源。家庭对于责任与控制的过度强调，可能使晓芳在面对不可控的意外时，难以接受并释怀。

无论是婉儿还是晓芳，她们的故事都深刻揭示了当不幸降临时，我们往往会本能地归咎于自身。这种习惯性的自我谴责，在心理学上被称为"负罪感"。它如同一个沉重的枷锁，让我们背负着"都是我的错"的沉重负担。这种负罪感不仅针对我们的行为，更深入地侵蚀着我们的自我价值感，使我们陷入深深的自我怀疑和否定之中。

然而，要挣脱这种负罪感的束缚，我们首先需要正视原生家庭对我们的影响。我们需要深入剖析并解构那些可能会导致我们陷入自责的家庭信念系统。告别那些消极的思维方式，如"我应该""我后悔"等，这是迈向自我救赎的关键一步。通过实事求是地评价自己在各种事情中应承担的责任，我们可以逐渐重塑一个更为积极、健康的自我。

同时，我们还需要学会与原生家庭和解。这并不意味着我们要完全摒弃家庭对我们的影响，而是要在理解的基础上，学会放下那些不合理的苛责和期待。通过增强自我意识，学会宽恕自己和家庭成员的不完美，我们可以建立起更为健康的自我价值观。这包括学会实事求是地看待自己在各种事情中的责任，既不夸大也不忽视，从而培养出真正的自我接纳和自爱意识。

当我们开始关爱自己，意识到自己有权利追求幸福和满足时，生活便会展现出更为美好的一面。我们将不再被原生家庭的阴影所束缚，而是能够勇敢地追求自己的梦想和目标。这样的人生，才是真正充满价值和意义的人生。

第五节
SECTION 5

**别给自己贴标签：
摆脱对自己的过度评判**

想象一下，你手中握着一颗色泽诱人、形态完美的橙子。你轻轻举起它，那清新的香气扑鼻而来，仿佛你已经置身于一片橙园之中。随后你用刀子将它一剖为二，鲜亮的橙汁顺着果肉缓缓流淌，你的味蕾似乎已经预尝到了那酸甜的滋味。这种通过感官预期影响心理状态的现象，心理学上称之为"心理暗示效应"，它揭示了我们的心理状态是如何受到想象的影响，进而改变生理反应的。

现在，让我们将这种专注力转向内在世界的探索。我们会发现另一种"暗示效应"正在悄然影响着我们，那便是原生家庭经验所赋予我们的标签。我们是如何基于原生家庭的经验给自己贴上标签，并由此塑造我们的身份认同感的？原生家庭，作为我们个性和价值观形成的摇篮，其影响深远而持久。父母和早期监护人的言行，不仅为我们提供了关于世界的初步认知，更在无形中为我们贴上了各种标签，这些标签或正面或负面，却都深深地烙印在我们的心灵深处。

这些标签，如同无形的枷锁，束缚着我们的自我认知和行为模式。以常见的原生家庭标签为例，若我们常被冠以"不够聪明"或"行为不端"之名，这些负面评价很可能内化为我们的自我认知，使我们在面对挑战时，一味地苛责自己，而非积极寻找解决问题的方法。这种现象，在心理学中被称为"自我实现预言"，它揭示了我们是如何被他人或自我设定的标签所左右，进而限制了自己的成长与发展的。

然而，我们必须认识到，这些标签并非真正的自我。每个人都是独一无二的个体，拥有着自己独特的价值和潜能。社会互动中涌现的标签，无论是来自原生家庭的烙印还是社会的期待，都只是我们身份的一部分，而非全部。因此，我们需要勇敢地撕掉这些标签，重新审视自我，发掘真正的潜能和价值。

以电影《哪吒之魔童降世》为例，哪吒因被贴上"妖怪"的标签而受到排斥和误解，然而他最终选择勇敢地面对自己的身份，挣脱命运的束缚。这一过程体现了心理学中的"标签效应"，即个体在面对外界标签时，可以选择接受或拒绝，而最终决定我们命运的，正是我们自己的态度和选择。

要打破原生家庭和社会所塑造的模式，**我们需要以更加开放和包容的心态来面对自己。我们需要承认自己的不完美，接纳自己的缺点和不足，并努力发掘自己的优点和潜能。同时，我们还需要学会以积极的视角看待自己与他人，当被贴上负面标签时，能够勇敢地撕下它们。**

总之，逃离过度自我评判的囚笼需要我们不断地自我认识、自我接纳、自我挑战和自我完善。只有当我们真正认识到自己的价值和潜能时，才能摆脱原生家庭和社会的束缚，活出真正的自我，释放出无尽的潜能。**正如卡尔·罗杰斯所言："你是你自己最糟糕的敌人。"** 让我们勇敢地面对自己，撕掉那些限制我们的标签，迈向一个更加自由和充满可能性的未来！

第六节 用智慧超越困境：
SECTION 6　重新找回内心的力量

在当今社会，"原生家庭"这一概念引起了广泛讨论。它不仅会影响个体的成长过程，也会对一个人成年后的心理状态和行为模式起到重要作用。社交媒体上充斥着成年人对原生家庭的痛苦回忆和控诉，这些声音揭示了他们深层的焦虑、自卑以及对爱与安全感的渴望。许多人无意识地重复着父母的行为模式，即使他们曾发誓要避免重蹈覆辙。这仿佛是一种不幸的"轮回"，其根源甚至可能与遗传相关。

在多年的职业生涯中，我遇到了许多像妍妍这样的学员。妍妍和她的丈夫决定不要孩子，这引发了她母亲的不满。母亲频繁地施压，希望她改变主意，甚至指责她不孝。妍妍深陷矛盾，她既不想让母亲干涉自己的生活，又觉得自己自私，无法满足母亲的期望。这种代际间的价值观冲突，恰恰是原生家庭影响的缩影。享有国际盛誉的心理医师苏珊·福沃德曾深刻指出，**通过道德绑架来实施控制的父母，其对子女的伤害如同化学毒素般潜移默化**。这种情感绑架不仅让孩子感到自责和反感，还强化了父母对孩子感受和行为的控制力。

阿尔弗雷德·阿德勒强调了童年经历的关键作用："**幸运的人一生被童年治愈，不幸的人一生都在治愈童年。**"然而，**解决原生家庭的问题并非意指责怪父母，而是理解和超越他们的影响。**

在我的自媒体平台上，我收到了大量关于原生家庭的信件。每一封信背后都隐藏着一个渴望解脱的灵魂。那么，如何才能真正摆脱原生家庭的影响呢？

首先，我们要勇敢面对问题。直面原生家庭的影响时，**人们往往会陷入两种极端：一是抑制情感，自我攻击；二是与父母正面对抗，试图通过"自暴自弃"来惩罚他们。我们需要正视问题，不让原生家庭成为无法解开的"死结"。**

其次，我们需要理解父母的局限性。他们可能也有着不幸的童年，那些经历在他们心中留下了深深的伤痕，进而影响了我们。**我们需要尝试理解他们行为背后的原因，以便更好地处理我们自己的情感。**

接下来，我们要接受现实。接受现实并不意味着消极

妥协，而是运用智慧超越困境，让痛苦成为我们成长的垫脚石。即使你有一个非常糟糕的原生家庭，这些困扰也可能如影随形，但当你意识到这一点时，你也就拥有了选择权：让这些影响继续存在，或努力改变它们。就像电视剧《都挺好》中的苏明玉一样，即使在一个重男轻女的家庭里遭受了重重创伤，她依然依靠自己的力量走了出来。原生家庭亏欠你的，你最终要靠自己找回来。即使不能原谅，也要学着放下，最后与自己和解。

最后，我们需要寻求疗愈。如果你觉得自己无法自我调节，需要外界帮助，我建议寻找专业的心理咨询师。他们将引领你回到问题的源头，用心理学的视角去察觉、认识和接纳它，从而跳出原生家庭的阴影，重塑全新的自我。只有接纳原生家庭的不完美，我们才能真正接纳自己的不完美。对于原生家庭的问题，我们不应放大其带来的创伤，也不应忽视它的影响。即使无法与原生家庭和解，我们也应学会与自己和解。这是一个寻找内心力量、重建自我价值和人格尊严的过程。

第三章

敏感心灵下的幸福寻觅：重塑爱情与婚姻的智慧之旅

你是否曾经因为过于敏感而无法体会爱情的甜蜜？你是否曾经因为对婚姻的过度期望而感到失望？

小测试

敏感与幸福的平衡

◎ 你是否常常把自己的情绪波动归咎于爱人的行为?

◎ 你是否曾经因为害怕失去而做出过度的反应?

◎ 你是否常常感到自己的婚姻缺少浪漫和激情?

◎ 你是否曾经因为对男人的期望过高而忽视了爱情的甜蜜?

◎ 你是否曾经想要找到一种方式,让自己更加理性地面对爱情和婚姻?

→ 如果是,请继续阅读下去,本章将帮助你找到通往幸福的路径。

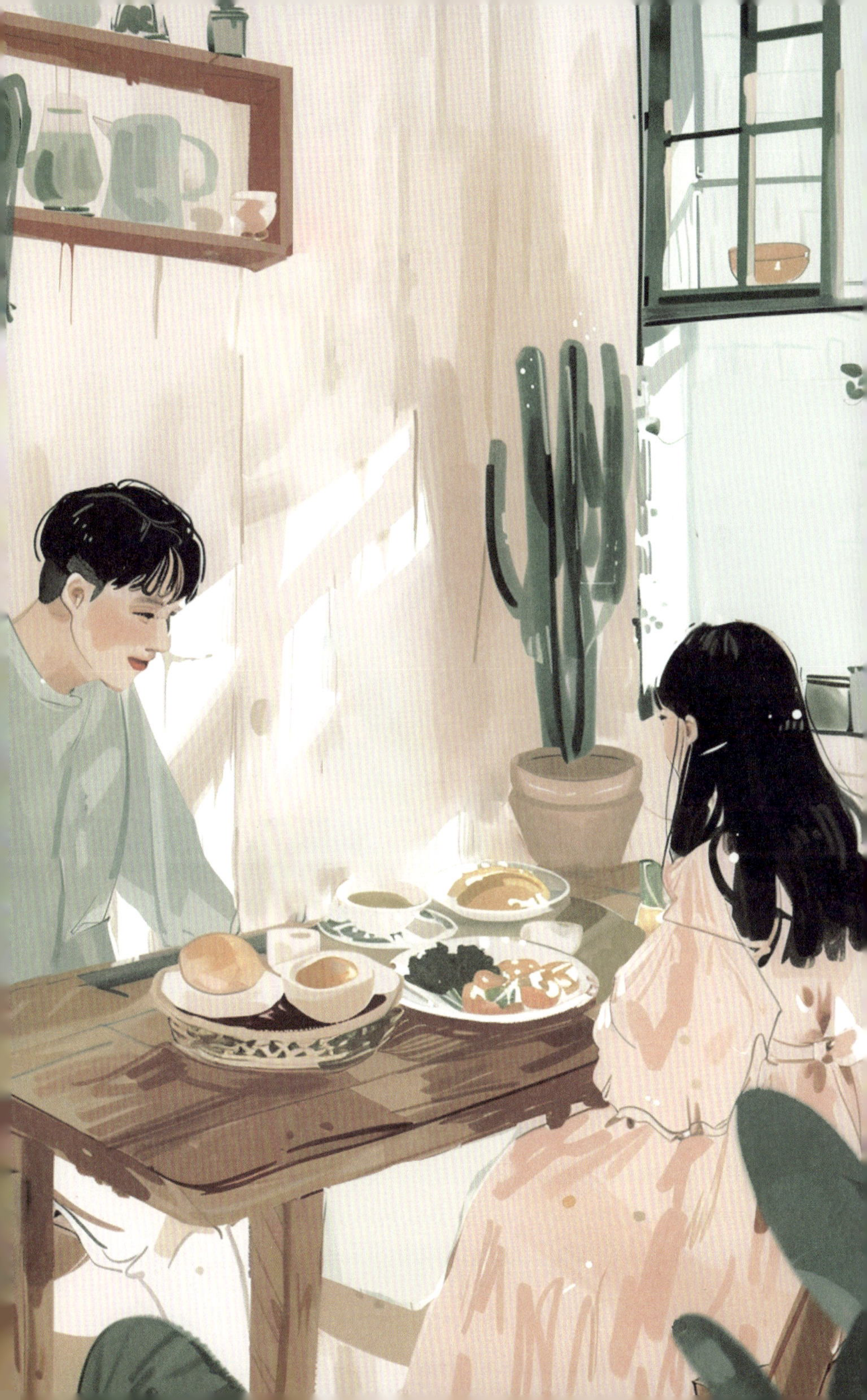

第一节 SECTION 1

恋爱与情绪化的界限：认识自己的情感需求

长时间单身，人们可能会习惯一个人的状态，变得沉默寡言，不再轻易倾诉，但同时，内心深处对温暖的渴望、对被爱的期盼从未消失。当看到他人的幸福时，我们在羡慕之余，心中也埋下了对未来的憧憬和不安。而当爱情真正来临时，我们又常常因为无法准确地辨识自己的情感需求而陷入困境。

在爱情的迷宫中，我们常常会因为外界的干扰和内心的迷茫而失去方向。有些人在爱情的诱惑下盲目投入，有些人在矛盾面前选择逃避，而真正能够找到出口的，往往是那些了解自己情感需求的人。

【案例一：小明的恋爱经历】

小明，一个独立自主的年轻人，一直享受着单身生活的自由与乐趣。然而，当他遇到充满活力的悦悦时，他的心开始被触动。悦悦的热情与对他的关注让他觉得自己被深深爱着。然而，随着时间的流逝，小明发现悦悦的行为逐渐让他感到压抑。悦悦的无理取闹和过高要求让他感到自己的空间被侵犯。

在反思中，小明意识到他真正需要的是一个能理解他、支持他的伴侣，而不是一个只会索取的人。他尝试与悦悦沟通，但悦悦的不理解导致他们的关系渐行渐远。最终，小明明白这不是他真正需要的爱情，于是决定结束这段感情。

【案例二：燕燕的情绪变化】

燕燕在一次聚会中遇到了一位很有魅力的男士，两人迅速坠入爱河。初时，燕燕觉得幸福满溢。然而，随着时间的推移，她的情绪开始起伏不定，时而喜悦、时而沮丧。她开始怀疑这一切都源于男友的"中央空调"属性（对身边的人都一样好）以及自己缺乏安全感。

尝试与男友沟通后，燕燕发现他并未真正理解自己内心的不安。在尝试多次无果后，燕燕意识到她需要的是更多的关心与支持，而不是一个让她更加不安的人。在多次沟通后，燕燕仍然无法得到男友的理解，于是她选择了结束这段感情。

这两个案例都强调了理解自己情感需求的重要性。在爱情中，我们很容易被对方的情绪所左右，从而忽视了自己的真实感受。只有深入了解自己的情感需求，我们才能做出更明智的选择。

除了了解自己的情感需求，观察和认识自己的情绪变化也是非常重要的。在面对恋爱中的问题时，我们常常被情绪所控制，忽视了自己内心的真实声音，而内心的声音是最真实的反应，通过倾听它，我们可以更好地理解自己的感受和需求。

虽然由于生理和心理的差异导致男女在情感需求上有着不同的倾向，但爱情的存在证实了男女在情感需求方面存在共同之处。总结起来，男女共有的情感需求主要包括三个方面：归属感、新鲜感和成就感。

归属感是确认自己在恋爱关系中的位置。在爱情关系中，彼此的位置必须是唯一且排他的。因为爱情是两个人的事情，任何第三方的介入都无法满足归属感的需求。只有确认自己被对方深深地爱着并且是唯一的时候，彼此之间才能产生信任，两个人才有信心将一段感情经营下去。

新鲜感则是要始终为感情注入活力。虽然不是每个人都喜新厌旧，但没有人喜欢一成不变的生活和枯燥的感情关系。为了保持相爱的活力和动力，我们需要不断创造新鲜感。

成就感则意味着在感情中的付出与努力需要得到认可。 爱情是需要回应的，没有人会不求回报地付出。当我们为爱一个人而努力时，我们需要得到对方的回应和反馈。这种回应和反馈不一定是对等的付出，但一定要有情感的表达。如果恋人之间连赞美的话语都没有了，那靠什么来支撑着继续相爱呢？

相爱并不只是简单的相互吸引，还要满足彼此的情感需求。只有当情感需求得到满足时，一个人才能被打动、被吸引、被牵绊。那么我们应该如何去满足彼此的情感需求呢？

首先我们要进行自我认知，了解自己的情感需求，明确自己在恋爱中的期望和底线。 这有助于我们在恋爱中找到平衡点，避免过度投入。同时我们也要保持自己的独立性，不要过分依赖对方。一段健康的恋爱关系应该是两个独立的个体共同成长，而不是相互依赖。

其次要及时与对方沟通自己的感受和需求，倾听对方的想法。 有效的沟通是解决问题的关键，也是维持恋爱关系的基础。同时也要给予彼此适当的空间，让双方都有时间去处理自己的生活和工作。这有助于保持恋爱关系的新鲜感和活力。

最后要学会相互尊重，并理解彼此的需求和感受。爱情需要悉心呵护，就像花朵需要阳光和雨露。了解彼此的需求、及时沟通并相互尊重是建立健康恋爱关系的基石。只有在这样的基础上我们才能在爱情的道路上走得更远。

第二节 SECTION 2

在时光里静静守望：解读个人对爱情的期待

情人节的风潮再次席卷而来，朋友圈中弥漫着浪漫与甜蜜的氛围。玫瑰、礼物、情话，似乎都成了爱情的标配。然而，在这满屏的甜蜜中，你是否也曾有过一丝疑惑与失落：为何别人的爱情似乎总是那么完美，而我的却总有些不尽如人意？

身处信息爆炸的时代，女性似乎普遍陷入了一种焦虑之中——好男人似乎总是别人的。她们总是习惯性地比较，将别人爱人的优点放大，而对自己身边伴侣的优点视而不见。这种比较心理，不仅让她们忽略了身边人的闪光点，更让她们在无尽的攀比中迷失了对幸福的感知。

然而，真正的幸福并非源于外在的比较，而是源于内心的满足与自我认知。心理学告诉我们，自我认知是成长的关键。只有当我们真正了解自己，接纳自己的不完美时，才能找到属于自己的幸福之路。在爱情中，当我们清楚自己的需求和目标时，才能做出正确的选择，要避免盲目追求所谓的"完美"。

萱萱，我的一位学员，就曾深陷这样的困扰。她觉得好男人似乎都是别人的，对自己的丈夫充满了不满和抱怨。每逢此时，她的丈夫总是沉默不语，仿佛对话的双方是牛与琴。萱萱觉得丈夫做的饭菜不合口味，所以三餐都是萱萱亲自操持。萱萱认为丈夫卫生打扫得不干净，所以每次都是萱萱自己打扫。萱萱又觉得丈夫辅导孩子作业时对孩子过于严厉，所以辅导孩子功课的重任就落在了萱萱的肩上。日复一日，家务、孩子、工作，似乎所有的责任都压在了她的肩上。然而，当深入了解她的心理状态后，我们发现她其实陷入了一种"过度付出"的陷阱。在家庭中，她过度承担了责任，导致自己疲惫不堪，同时也让丈夫失去了参与家庭事务的机会。这种失衡的关系，不仅让她感到不满，也让她的丈夫感到挫败。

除了"过度付出"的问题，我们还应该关注到女性在家庭中的抽离感。一心扑在家庭上，虽然是一种无私的付出，但同时也是对女性精神的损耗。适度地从家庭中抽离出来，关注自己的个人成长与发展，是提升自我吸引力的关键。这并不意味着我们要忽视家庭，而是要学会在家庭与自我之间找到平衡。

在这个"大女主"盛行的时代，女性越来越注重自我成长与发展。她们明白，真正的魅力，不在于你拥有多少，而在于你如何活出自己。一个能够关注自我成长、保持精神独立的女性，无论在哪个领域，都能散发出独特的光芒。这样的女性，不仅能够吸引优质伴侣，更能够在爱情中保持自我，不被外界所左右。

因此，我想给所有的女性三条建议：

首先，学会欣赏身边人的优点。不要总是用挑剔的眼光去看待周围的人，而是要学会发现他们的闪光点，并给予肯定和赞美。这样不仅能够改善彼此的关系，还能让自己更加轻松、快乐和满足。

其次，适度地从家庭中抽离出来。关注自己的个人成长与发展，提升自己的魅力和吸引力。这不仅有助于个人成长，也能让家庭关系更加和谐。

最后，保持一颗向上的心。不断提升自己的品格和修养，让自己始终充满魅力和自信。这样无论面对什么样的挑战和困难，都能以积极的态度去面对和克服。

在爱情的道路上，我们需要学会用心理学的知识来指导自己。通过了解自己的内心需求、接纳自己的不完美,并不断提升自我认知,我们才能在爱情的旅程中获得真正的幸福与满足。因为**真正的爱情,不是寻找一个完美的人,而是学会与一个不完美的人共同成长,并在这个过程中发现内心的力量与美好。**

第三节
SECTION 3

婚姻新解：
爱情与合作的长久之道

在洁白婚纱的映衬下，每个新娘都怀抱着"白首不离"的梦想。然而，婚姻并非永远甜蜜如初，而是如同一场漫长而艰难的考验，充满了挑战。那些浪漫的瞬间固然珍贵，却无法永恒。没有哪段婚姻能永远保持其初始的甜美与浪漫。

面对婚姻中的问题与困境，有人将其比作一座随时可能爆发的活火山。当初的相爱并不能保证如今的幸福，为何曾经相爱的两个人会渐行渐远？其实，许多爱情并非因外力而瓦解，而是在婚姻的现实面前败下阵来。这促使我们不得不重新审视婚姻的意义，思考如何在漫长岁月中保持长久的爱情。

据相关数据显示，近年来全国离婚率持续上升。2023年前三季度全国办理离婚登记的人数约为197.3万对。中国司法大数据研究院的一份专题报告指出，夫妻婚后的2—

7 年为婚姻破裂的高发期。

导致婚姻破裂的原因五花八门，其中近 80% 是由于感情不和。 此外，家庭暴力、离家不归、不良恶习等也是导致婚姻破裂的重要因素。

曾经相爱的两个人为何会走到这一步？一个真实的案例令人深思：有位年轻的学员小丽，她爱上了一个穷小子。尽管穷小子没有钱，但他愿意为小丽付出时间、精力和感情。为了讨她欢心，穷小子可以排队四个小时给她买小吃，吃几个月的泡面给她买一台手机。两个人情投意合，结婚生子。然而，当孩子出生后，家庭花销逐渐变大，小丽没有收入，开销全靠男人一个人支撑，这使他感到力不从心。结果孩子在这个时候烫伤，需要高额的治疗费用。面对这样的困境，男人望而却步，选择了离婚。他留给小丽的只有 8000 块钱和一句话："这样的日子过下去太累，你回家找你父母吧。"这个故事让我们认识到爱情在现实面前的脆弱。**真正长久的婚姻是一种基于深刻理解后的合作关系。**

浪漫的爱情有时经受不住柴米油盐的考验。 当浪漫的爱情逐渐消退后，基于责任的感情便成为主导。真正稳定的婚姻并非只靠爱情，也要建立在双方的规划和实力之上。《奇葩说》曾讨论过一个话题：婚前该不该在房产证上加女方的名字？**经济学家薛兆丰认为结婚如同办家族企业，双方需要拿出自己的资源来共同经营。** 这种观点虽然有些冷酷，但却提醒我们婚姻是一种合作关系，需要双方充分了解并明确彼此的需求和资源。

在电影中我们经常可以看到很多夫妻面临着工作和生活的双重压力。在这些故事中，妻子总是在丈夫需要时给予深深的理解和温柔的安慰。当妻子遭遇困境时，丈夫也会毫不犹豫地展现出坚定的支持和深沉的爱。这样的情节让我们深刻感受到，婚姻中的相互扶持何等重要。

有导演曾用"一年续约一次的合作伙伴"来巧妙比喻婚姻，这样的描述既生动又富有哲理，它强调了婚姻中双方愉快合作的重要性。如果合作愉快，关系自然可以持续；如果出现问题，那么双方就应该坐下来寻求改进，或者考虑及时终止这段关系。这种比喻提醒我们，在婚姻中，我们需要有勇气去直面问题并寻求解决之道，而不是一味地讨好对方，忽视自己的真实感受和需求。

在婚姻中，拥有结束的勇气显得尤为重要。太多人仓促地走进婚姻的殿堂，却没有充分了解自己和对方的需求与期望。我们必须认识到，婚姻不应为讨好对方而牺牲自我，在学会爱别人之前，我们首先要学会珍爱自己。再来看美剧中的一个故事，艾米和一个著名导演交往，为了维持两人的关系，这个热爱自由的独立女性甘愿成为"幕后支持者"。结果5年后，她再也无法忍受自己的生活全部围绕着男友转。49岁的她告诉男友："我爱你，但我更爱我自己。我和自己有49年的感情而且还会继续下去。这个世界上唯有我，最懂我的珍贵。"理想的婚姻应该是锦上添花，即便有一天这朵花光彩不再了，你也仍然是一匹好锦缎。

正如马斯洛所言：好的婚姻建立在理解、包容与滋养之上；糟糕的关系则充满自私、苛责与消耗。我们满怀期待地走入婚姻，但当爱情的光环褪去时，我们也应有勇气面对现实。只有这样，我们才能在婚姻的道路上找到真正的幸福。

第四节 完整家庭的苦衷：平衡个人幸福与孩子成长的关系

"为了孩子，你们还是不要离婚了。"

"你们考虑过孩子的感受吗？"

"忍一忍，给孩子一个完整的家吧……"

社会中常常回荡着这些充满道德压力和人性挑战的声音。父母皆希望为孩子提供一个完整的家庭环境，一份不因分离而受损的爱。但在现实面前，我们是否曾深思，那些以孩子之名做出的选择真的对孩子有益吗？

在我的咨询实践中，我发现许多女性常常将孩子成长和夫妻感情问题放在一起讨论。不少母亲对当前的婚姻状态感到失望透顶，却不断自我告诫："为了孩子有一个完整的家庭，我不能选择离婚！"然而，这份沉重的责任，不应轻易地落在孩子的肩上。

我们需要明确孩子真正需要的是什么。一个完整的家庭

并不仅限于形式上的爸爸妈妈和孩子，更为关键的是家庭氛围。孩子渴望的是父母的关爱、温暖和支持。当婚姻关系名存实亡时，勉强维持只会让孩子感受到更多的不安和压力。

以芸芸为例，她是一个在单亲家庭中长大的女孩。她的父母在她小学二年级时离婚了。在咨询过程中，她分享了当时的感受："他们离婚时，我竟然松了口气，终于不用在压抑的家庭氛围中生活了。"她最害怕过年，因为那时家中总是争吵不休。平日里，她还能逃到学校避开争吵，但在假期期间她无处可逃。得知父母离婚的消息，她几乎立刻感到释然，因为她不再需要忍受父母的争执。对于孩子的成长而言，真正具有破坏力的不是家庭的形式，而是所处的环境和氛围。

现代社会中，我们经常见到这样的现象：许多夫妇即便婚姻千疮百孔，也不选择离婚，他们声称是为了孩子。但实际上，这种貌合神离的婚姻可能对孩子的成长造成更大伤害。那么，为何会出现这种现象？我们又该如何将潜在的伤害降至最低呢？

首先，我们必须认识到，那些在婚姻中感到痛苦的人，往往难以面对失败的现实。 他们不愿承认婚姻的失败，无法承受挫败感，因此选择维持表面的完整，以保护自己的形象，避免被视为失败者。然而，这种做法只会加剧问题的恶化，让自己和孩子陷入更深的困境。

其次，经济依赖和精神依附也是阻碍人们摆脱不幸婚姻的重要因素。许多家庭主妇放弃事业后，失去了经济自主权，导致在家庭中的地位降低。面对丈夫的威胁或冷落，她们往往无力提出离婚的要求，因为担心无法独立生活，恐惧离婚后的自给自足问题。这种经济和精神上的依附使她们难以摆脱痛苦的婚姻。

最后，我们不应忽视的是，有些父母误以为名义上的完整家庭对孩子无害。他们认为，只要家庭表面上看起来完好无损，就能为孩子提供一个良好的成长环境。然而，这种想法忽视了孩子的内心体验。孩子们在父母的冷暴力和争吵中感到恐惧和不安，这种情绪状态对他们的成长有着深远的影响，孩子们可能会变得胆怯、缺乏自信，甚至影响他们未来的婚姻观。

为了真正将伤害最小化，我们需要勇敢地正视婚姻问题。对于那些已经破碎的婚姻，如果无法修复，离婚应被纳入考虑。夫妻双方应理性讨论问题，寻求妥善的解决方案。同时，我们也应理解孩子的感受和需求。孩子们需要的是健康和谐的家庭环境，而非表面完整的家庭。我们应尽力为他们营造一个充满爱和支持的环境，确保他们在成长过程中得到足够的关注和照顾。

没有人规定，父母离异的孩子一定会浑浑噩噩地度过人生。 只要他们愿意，总能找到走出伤害的方法。当孩子因父母离婚而陷入情绪困扰时，我们更应关注的是父母的处理方式，而非离婚本身。

如果父母之间的爱依旧存在，哪怕偶有争执，那么努力修复夫妻关系无疑是对孩子成长的最佳礼物；但如果爱已不在，离婚对孩子来说也不是世界末日。**与其给予孩子一个表面的完整，不如告诉孩子父母的分离不代表对孩子的舍弃，然后和平分手。**

在孩子的成长过程中，爱是最宝贵的营养。即使父母不再相爱，他们仍能继续向孩子传递关爱和支持。离异家庭的孩子需要感受到来自父母的持续关爱和支持，以帮助他们渡过难关。这种支持可以通过多种途径实现，例如保持联系、提供帮助以及鼓励他们追求梦想。

亲爱的读者，如果您正处于离婚的边缘，或者已经历过离婚的痛苦，并且最为关心的是您的孩子是否会因父母的分离而受到负面影响，请耐心阅读以下建议，希望它们能为您带来一丝温暖与启示。

1. **允许自己和孩子表达情感，无论是悲伤还是愤怒**。这些都是正常的情绪反应。

2. **坦诚地与孩子沟通离婚的事实**。尽管他们可能不理解，但让他们知道这是父母慎重思考后做出的决定，而非他们的过错。

3. **理解和接纳离婚对孩子带来的负面影响**。这是一个痛苦的转变，他们可能会感到困惑、焦虑，甚至愤怒，但请相信，他们能够逐渐克服这些困难，而父母需要做的就是支持和鼓励。

4. **避免利用孩子去攻击对方**。这会让他们陷入两难境地，无法选择站队。尽量让他们积极看待父母之间的关系，虽然分开生活，但父母对他的爱不会改变。

5. **允许孩子表达对另一方的思念，确保对方有足够的机会来看望孩子**。这可能会让您感到痛苦，但请尊重他们的感受。他们需要时间和空间去接受并处理这一切。

6. **如果您也受到离婚的困扰，不要犹豫，尽快寻求帮助**。处理好自己的情绪至关重要，因为您的情绪会影响到孩子。

如果您有任何其他问题或需要进一步的帮助，请随时与我联系。我会尽我所能为您提供支持，帮助您走过这段困难时期。**请记住，无论发生什么，您并不孤单。**

第五节 爱是理解的别名：建立和谐的亲密关系

在婚姻的舞台上，我们每个人都是主角。**成功的秘诀往往隐藏于"尊重与爱"这一简单却深刻的真理之中。它并不取决于收入的多寡或家庭琐事的分担，而在于双方是否能够真正理解并践行这两个词。**

据一项未具名的研究指出，在询问了 400 位已婚男性和 400 位已婚女性后，有一个值得注意的发现：**当必须在孤独和缺乏尊重之间做出选择时，超过 70% 的男性倾向于选择孤独，而大多数女性则更倾向于维持爱情，哪怕伴随着缺乏尊重。这种现象揭示了性别和文化价值观在婚姻期望中的复杂作用。**

为了更深入地探讨尊重与爱的力量，让我们从两个不同的场景出发，去感受其中的微妙变化。

首先，让我们想象一个普通的夜晚。一位女性结束了一天繁忙的工作，回到家中。她并没有取得什么显著的成就，只是默默地完成了自己的职责，但那份坚守和执着同样值得肯定。她的伴侣看到了她的付出，轻轻地走到她身边，给予她一个温暖的拥抱，并说："你今天辛苦了，我知道你一直在默默努力。"这种对日常努力的肯定，让她感受到了被爱的力量，也让她更加坚定了前行的决心。

再设想另一个场景，一个男性在职业生涯中遇到了挫折，他感到迷茫和失落。在这个关键时刻，他的伴侣并没有指责或冷落他，而是给予他耐心的倾听和鼓励。她为他准备了一杯热茶，用温柔的话语安慰他："每个人都会遇到挫折，但你要相信，你有能力克服这一切。我会一直陪在你身边，支持你。"这种无条件的支持与信任，让他感受到了被尊重、被认可的力量，也让他重新找回了自信和勇气。

家庭和谐依赖于夫妻双方的共同努力。**理解和尊重彼此的需求不仅是婚姻成功的关键，也是相互成长和进步的基石。对丈夫而言，妻子的尊重是他奋斗的动力；对妻子来说，丈夫的关爱是她坚持的理由。**

真正的尊重意味着避免无谓的批评和侮辱，意味着在冲突发生时及时调节和修复。一个男人的尊严很大程度上来自他的能力被认可，尤其是他最亲近的人。同样，**有效的夸赞**

也是一门艺术，它应该是具体的、真诚的，并且是具有建设性。夸赞时可以关注丈夫的工作表现、爱好、性格特点等。例如："老公，我真的很欣赏你在工作中的认真和努力，你的专业知识和领导能力让我感到骄傲。"或者："老公，你的厨艺真的太好了，每次吃到你做的饭都让我感到幸福。"这些夸赞方式能够让丈夫感受到你的真诚和认可，从而激发他的积极性和自信心。

然而，**错误的夸赞方式可能会产生反效果**。例如："你真的是世界上最棒的丈夫！"或者："你总是让我感到幸福和满足！"这些夸赞方式可能会让丈夫感到尴尬或不满，觉得你太虚假了，**因为它们看起来过于夸张或不切实际，没有落实到具体的表现上**。因此，学习如何恰当地表达赞美至关重要。

与此同时，妻子也需要关爱和支持。在现代社会中，女性同样面临着职场竞争和家庭责任的双重压力。丈夫的理解、关心以及适时的安慰能够极大地鼓舞妻子的精神，让她感受到自己的付出得到了认可和回报。当妻子忙碌一天回家后，丈夫可以说："亲爱的，你辛苦了！我知道你为了工作和家庭付出了很多，但请相信我会一直支持你。"或者："亲爱的，当你需要帮助的时候请告诉我，我会尽我所能来帮助你。"这些贴心安慰的话能够让妻子感受到被关爱和支持，从而增强她的自信心和坚持下去的动力。

错误的表达方式则可能会让妻子感到被忽视或者不被重视。比如，"你为什么不能像其他女人一样轻松地生活呢？"或者"你总是抱怨不累吗？"这些话可能会让妻子感到被贬低或者不被理解，从而产生负面情绪。因此，夫妻之间的相互理解和支持是婚姻幸福的基础。

那么，为什么这些基本的尊重和爱有时会变得如此难以实现呢？答案在于男女之间的差异。据心理学理论及社会文化研究显示，男性的自我认同通常与他们实现个人目标的能力紧密相关，相比之下，女性则更加重视情感满足和人际关系的质量。尽管存在这些差异，但男人和女人都需要情感的满足和目标的实现。因此，真正的尊重和爱意味着站在对方的立场上思考问题，并满足对方的需求和期望。

最后，我想向读者传递一条宝贵的婚姻智慧，那就是："真正的尊重和爱，并非源于对方的社会地位或身份标签，而是因为我们深深理解和接纳对方作为一个独立且完整的个体。"这句话提醒我们，无论性别、年龄或其他任何差异，我们都应学会以开放和包容的心态去尊重和爱护对方。只有这样，我们的婚姻才能走向真正的幸福与和谐，共同创造出一个充满爱与理解的美好未来。

第六节
SECTION 6

**解锁幸福密码：
从理性看待伴侣开始**

钱锺书曾经形象地比喻："婚姻是一座围城，城外的人想进去，城里的人想出来。"这句话引发了我们对婚姻本质的深刻思考。婚姻究竟是人们幻想中那个充满甜蜜与浪漫的避风港，还是一个需要我们不懈经营才能绽放幸福之花的精神家园？

实际上，婚姻并非如童话故事般美好。它更像是一段自我成长和修炼的旅程，要求我们投入真挚的情感和智慧去细心培养。恋爱时期的激情与新鲜感，往往在步入婚姻之后逐渐褪去，取而代之的是日常琐碎与平凡生活的挑战。

那么，为何婚姻生活与热恋时期存在如此大的差异呢？关键在于，婚姻中我们不可避免地失去了对伴侣的理想化期待。恋爱时，我们倾向于将对方视作完美无缺的灵魂伴侣，期望他们能满足我们所有的需求。然而，婚姻生活的实质远非如此。**我们必须接受伴侣的缺陷和不足，以及他们有时无法达到我们的期待。**此时，调整期待值，学会接纳对方的不完美变得至关重要。

降低对伴侣的期待，并非意味着放弃追求婚姻中的美满与憧憬，而是鼓励我们用更加理性的眼光审视婚姻，并认识到它的不完美。我们需要学会接受对方的缺点，同时积极应对婚姻生活中的挑战。只有这样，我们才能在彼此的理解与支持中找到真正的幸福。

例如，我曾指导的一位女学员蕾蕾曾对她的丈夫抱有极高的期待，希望他能兼顾事业与家庭，满足她情感上的所有需求。但现实往往与理想有很大差距，尤其是对于已婚男性来说，工作的压力往往让他们难以面面俱到。当蕾蕾的期望落空时，她有了极大的失落感，并开始怀疑丈夫对她的爱。这种不切实际的高期待不仅令她的丈夫感到疲惫不堪，也让她的婚姻陷入了困境。

然而，生活总有其教育意义。当蕾蕾意识到丈夫在一次为她做饭、陪她聊天时的辛苦努力后，她开始重新评估自己的期待值。**通过理解与体谅，她发现降低期待反而带来了更多的快乐。**这一转变告诉我们：**期待越高，失望的可能性就越大。在婚姻中适当降低期待，可以减轻压力和失落感。**

当然，这并不意味着我们应完全放弃对伴侣的期待。相反，我们应该在合理的范围内对他们有所期待，并在他们实现这些期待时给予肯定和鼓励。正如学习新技能一样，我们需要有耐心和循序渐进的态度。婚姻亦是如此，需要双方共同努力，而不是一蹴而就地追求完美。

面对婚后对伴侣的失望感加深，我的学员们经常咨询我该如何调整心态以降低期待，从而营造更和谐幸福的婚姻生活。在未婚时，我们往往怀揣着美好的幻想，相信婚后的生活会是完美的，但随着时间的推移，现实生活中不可避免的矛盾和琐事打破了这一幻想。面对这些失望，我们应该如何应对？

首先，我们需要接受一个事实：在婚姻生活中，失望是不可避免的。我们可以通过调整自己的心态来减少失望感。 例如，当丈夫因工作压力而无法分担家务时，你要尝试理解他的困境，并给予他宽容和支持。在他有空闲时，提出共同完成家务的建议，这不仅能够增进你们的关系，还能提升生活质量。

此外，增强自身的独立性也是降低对伴侣期望的关键。经济独立、人格独立和思想独立是每位女性应当追求的目标。 拥有自己的职业、思想和价值观会让你更加自信和有吸引力。当你变得更加独立时,你会更有勇气面对婚姻生活中的挑战,并赢得伴侣的尊重和欣赏。

最后,不要通过过分依赖伴侣来获得快乐。个人的幸福应该由自己创造。学会在生活中寻找乐趣和满足感,这样你就不会只靠依赖伴侣来获得幸福感。

总而言之,降低对伴侣的期望并不意味着放弃追求美好的婚姻。相反,通过调整心态和增强自身独立性,你可以使彼此的关系更加和谐持久。**记住,每段婚姻都需要双方的共同经营,只有通过相互理解和包容,我们才能让婚姻生活更加美满幸福。**我们应该学会以积极的态度面对婚姻中的失望,以宽容的心态理解对方的不完美,并以爱来包容一切,这样我们才能真正收获幸福。

第四章

别把焦虑转嫁给孩子：守护孩子心灵成长

你是否曾经因为自己的焦虑而影响到孩子的成长？你是否曾经想要找到一种方式，让孩子更加健康快乐地成长？

小测试

关注孩子的心理健康

◎ 你是否常常把自己的情绪和焦虑传递给孩子？

◎ 你是否曾经想要找到一种更加健康的方式来教育和关爱孩子？

◎ 你是否曾经注意到孩子的情绪变化和心理健康问题？

◎ 你是否曾经想要为孩子的心理健康做出更多的努力？

→ 如果是，请继续阅读下去，本章将帮助你找到正确的方式来关注孩子的心理健康。

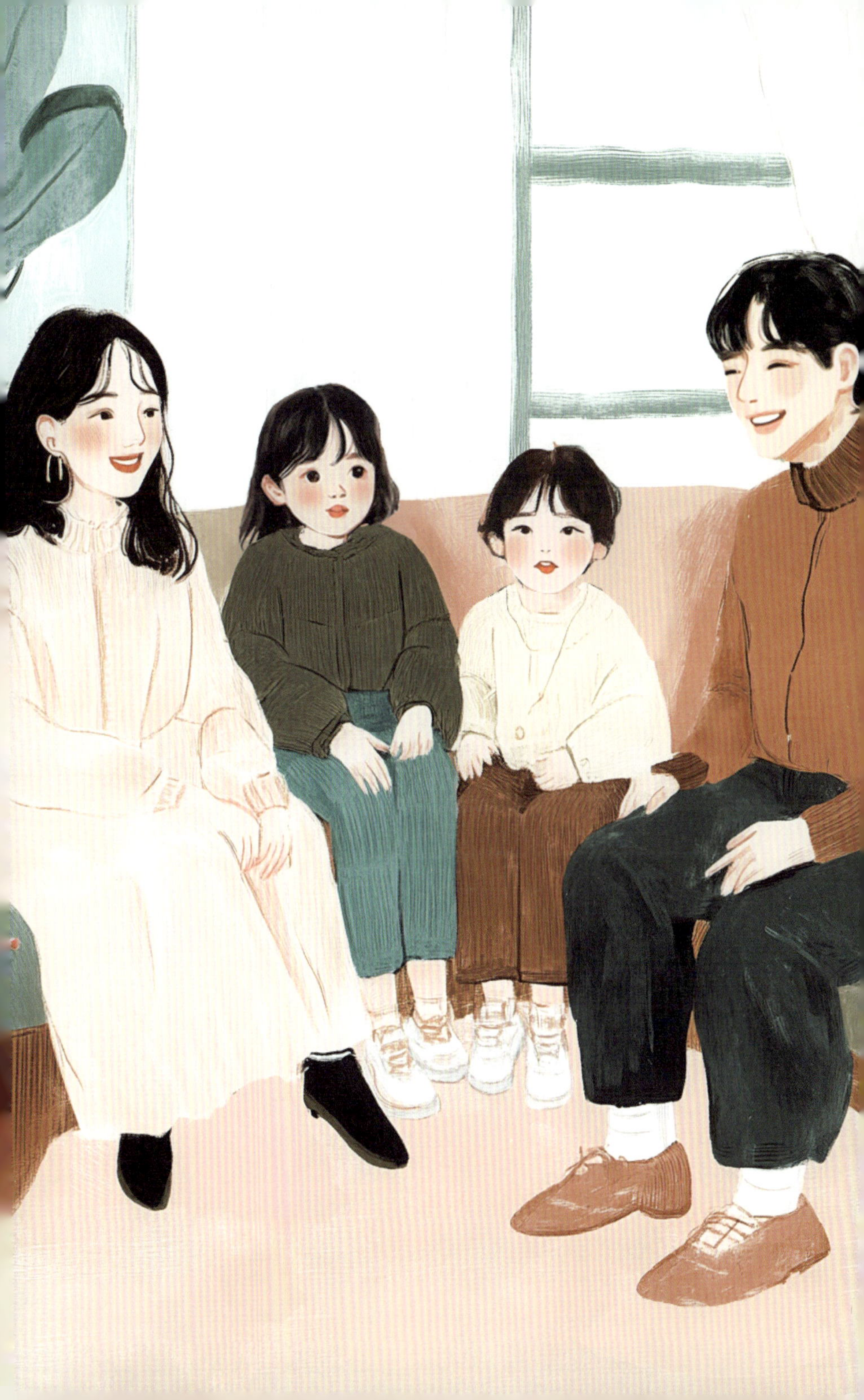

第一节 SECTION 1

"别人家的孩子"：乖孩子背后的隐形焦虑

你是否曾经在社交媒体上看到过这样的帖子？4岁的小男孩用流利的英语与人交流，让所有人惊叹不已；7岁的女孩手写千字文章，文笔成熟，引爆网络。更有甚者，一对双胞胎分别被清华、北大录取，而他们的父母却说孩子没有上过一天培训班！当我们看到这些"别人家的孩子"时，心中不禁开始比较。为什么别人家的孩子那么优秀？为什么我们家的孩子达不到这个标准？怎样才能让我们的孩子变得如此出色？

然而，让我们产生焦虑的，并不是别人家的孩子，也不是自己家的孩子，而是我们对他们进行的对比。每个孩子都有他们独特的优点和天赋，而我们对他们的期望往往过高，导致我们忽视了他们身上的闪光点。

在一个普通的周末，芳芳妈妈在公园里遇到了娟娟妈妈妈，两人聊起了各自的孩子。芳芳妈妈总是对娟娟赞不绝口，称赞她乖巧听话，而对自己的女儿芳芳却总是批评不断。这让芳芳感到很焦虑，她开始讨厌娟娟，甚至开始怀疑自己是否真的那么差劲。

然而，有一天，娟娟妈妈找到了芳芳妈妈，告诉她其实娟娟并不像表面上看起来那么完美，她也有着自己的缺点和困扰。原来，娟娟之所以表现得那么乖巧，是因为她害怕母亲的责备和失望。她的压力并不比芳芳小。

这个故事告诉我们，很多父母会觉得"别人家的孩子"都很乖，而自己的孩子却很叛逆。这可能与以下几个原因有关：

1. **事事关心，关心则乱**。芳芳妈妈过于关注芳芳的行为，导致她在处理孩子的问题上失去了分寸。

2. **望子成龙，望女成凤**。芳芳妈妈希望芳芳能够成为一个优秀的人，但她的心态不够好，看待事物也不够全面。

3. **父母对孩子的要求太高**。芳芳妈妈对芳芳的要求过高，没有考虑到芳芳的感受和意愿。

4. **无法接受孩子的平凡**。芳芳妈妈自身很优秀，所以她理所当然地认为芳芳也应该像自己一样优秀。如果芳芳很平凡，她就会觉得很失望。

通过这个案例，我们可以看到，每个孩子都有自己的优点和缺点，父母应该学会欣赏和接纳孩子的独特之处。同时，也要调整自己的期望，给孩子一个健康的成长环境。

在北京大学心理学教授徐凯文的讲座中，他分享了一个令人痛心的案例：有个在北京大学求学的学生，他以优异的成绩始终名列前茅，然而有一天，他突然陷入了严重的抑郁情绪中，多次产生自残的冲动。他的老师和父母在发现他的心理问题后，竭尽全力尝试引导他走出困境。他们尝试了各种方法，但都无法改变他的状况，最后，他们只能让这个学生暂时离开学校，回家休养。

徐教授在接触过许多类似案例后痛心疾首地表示："你们用焦虑养出来的孩子，最后都送到了我这里。"

在现实生活中，我们常常会遇到许多只懂得要求孩子优秀，却从不关心孩子在追求"优秀"的路上需要承受什么的父母。他们只关注孩子的成绩高低，却忽略了孩子的心理健康，而心理健康对孩子来说同样至关重要。如同绳子绷得太紧会断一样，人的精神负重太多同样会垮，孩子的世界同样适用这个道理。

在教育孩子的路上，最忌讳的就是父母在孩子一步步走向深渊时毫无察觉。儿童心理学家让·皮亚杰说："小时候越乖的孩子，长大后心理问题越多。"这种观点在很多情况下都是正确的。这是因为这些孩子往往以满足他人期望为生活主导，却忽视了自己的真实需求和感受，导致内心的压抑和痛苦不断积累。

电视剧《小欢喜》里的"好孩子"乔英子，她为了不让母亲宋倩失望，接受了所有的安排。宋倩对她的监视如同透明玻璃窗一般无处不在，让她无法透气。她热爱天文，但宋倩认为这与学业无关，很少让她去天文馆。她喜欢乐高，但宋倩认为这会影响学习，因此没收了她的玩具。她的成绩稍有下滑，宋倩就会指责她："考了第二名还有什么可高兴的？"她不喜欢喝那些所谓的"补脑"药膳，但为了不让母亲难过，每次都硬着头皮喝下去。

乔英子知道母亲独自抚养她不容易，所以总是小心翼翼地取悦母亲，成为她的精神支柱。然而，随着高考的压力日益临近，母亲的期望也日益升高，乔英子的精神状况开始出现问题。她开始失眠，夜夜睡不着觉，内心承受着巨大的压力。面对这一切，乔英子不知道如何应对，最终选择了离家出走，甚至产生了轻生的念头。这个故事让我们看到一个乖巧懂事的孩子内心深处的阴霾，以及成长过程中不敢表达自己真实需求的孩子所面临的困境。

生活中有许多像乔英子这样的孩子，他们默默承受着来自父母、学校、社会的压力。他们为了满足他人的期望而忽视了自己的需求和感受，导致内心的压抑和痛苦不断积累。

记得某位知名导演曾说过："**一直活在阳光普照下，是会被烫死的。每个被阳光晒得昏沉的人，都需要在阴影下躲一躲。**"这句话恰恰道出了很多"乖孩子"内心深处的声音。教育最大的危险，就是只要求孩子"乖"，却看不到孩子的诉求。真正的教育应该是关注孩子的内心世界，给予他们足够的关注和理解，让他们能够在阳光和阴影中找到平衡。

养孩子就像养花，需要定期给其松松土，才能让根系更好地呼吸。作为父母，我们应该学会尊重和理解孩子，让他们在自由和关爱中成长，而不是被束缚和压制。

永远不要让"乖巧、听话、懂事"成为孩子心理上的枷锁，这样只会抑制他们的个性和才华。只有学会尊重他、爱护他，才能让孩子在未来闪闪发光，成为他们自己想成为的人。

有一位来自北京大学的副教授，他以优异的成绩吸引了众人的目光，被誉为"神童"。经过不懈的努力，他最终成了北京大学博士生导师。然而，尽管他在学术领域取得了极高的成就，但他的女儿却并没有继承他的天分。她的天资普通，甚至有时在考试中会排名倒数。尽管如此，这位教授并没有抱怨过"家教失败"，也没有强迫女儿去满足他的期望。他理解并接受女儿的天赋和能力，以一个父亲的爱和智慧来引导和帮助她。

当被问到是否接受孩子不如他，是否接受孩子考不上北京大学时，他笑着回应："必须接受，不接受能怎么样？她就这样。"他的回答充满了对女儿的尊重和理解，同时也展现了他对教育的独特见解。

你看，真正成熟的父母，不会因盲目攀比而消耗孩子，也不会因孩子无法满足其期望而使自己陷入焦虑的旋涡。在家庭教育中，父母需要拥有"松弛感"，注意言辞，细心观察，成为孩子成长路上的支持者和引导者。

首先，避免说出一些伤害孩子自尊心的话。不要拿孩子和别人比较，每个孩子都有自己独特的优点和价值。父母应该善于发现并培养孩子的潜能，而不是将他们置于竞争的阴影下。

其次，当孩子遭受情绪波动时，不要忽视他们的感受。青春期是孩子心理变化最剧烈的时期，他们需要理解和支持。父母应该倾听孩子的内心世界，帮助他们化解负面情绪，引导他们以积极乐观的态度面对困难和挑战。

此外，注意观察孩子性格的变化。 当孩子从开朗活泼变得沉默寡言时，父母要给予包容和理解，不要过于苛责，要找到问题的根源并协助孩子及时解决。同时，帮助孩子建立自我价值感，教会他们独立思考和选择，不受外界评价的干扰。

所谓富养孩子，并非仅限于物质层面的提升，还要给予孩子足够的安全感和信任，让他们在成长过程中充满活力和自信。 与其送给孩子昂贵的礼物，不如给予他们真诚的鼓励和支持，让他们在前行的道路上更加坦然和从容。

白岩松曾指出，**为人父母有三大责任：成为孩子的榜样、帮助孩子建立强大的内在力量和外在好习惯，以及不惜代价帮助孩子实现梦想。** 好的教育成果往往源于父母的倾力支持和引导，而非过度焦虑。

孩子的人生并非父母的延续，而是他们自己的选择和探索。 父母需要调整好心态，扮演好领路人的角色，引导孩子发现自己的潜能并追求个性化的成长道路。让孩子按照自己的意愿去发展，而不是将父母的期望强加给孩子。只有在这样的家庭氛围中，孩子才能健康快乐地成长，展现出他们独特的魅力和价值。

第二节 倾听与理解：走进孩子的内心世界

SECTION 2

爱，常被比作温暖的阳光，照亮孩子成长的道路。然而，在某些时刻，这阳光却可能变得刺眼，成为一把刺痛孩子心灵的利刃。在父母满含深情的目光下，有时孩子感受到的不是温暖，而是无形的压力和束缚。许多孩子在成长过程中都遭受过父母以"爱"的名义带来的伤害。让我们深入探讨几个真实案例，共同寻找避免这种伤害的方法。

我有一位学员，她每日都往返接送高二的孩子上下学，理由是担忧外界环境的危险。这种保护看似温馨，但真的是孩子需要的吗？它是否有助于培养孩子的独立性呢？

还有一个 15 岁的孩子，他在心理咨询中透露，他在生活中常常感到无力，这要归咎于母亲对他的过度干预。他的母亲，一心只想让孩子远离风险，却忽略了孩子心智发展的需求，结果成了孩子成长路上的绊脚石。

还有那些处于离婚边缘的父母，他们在孩子面前勉强维持着婚姻关系，以为是为了孩子，实则可能给孩子的心灵带来更深的伤害。

在现实生活中，许多父母以"爱"为名，行伤害之实。**真正的爱应该促进双方的心智成熟，而不是表现为过度关注、溺爱、占有或依赖。忽视孩子作为独立个体的成长需求，这些行为反而会变成伤害。**

不少家长固守着"我为你选的路一定比你自己选的好"的观念，采用命令式的育儿方式，逐渐侵蚀了孩子的自主性。教育本应是愉快的互动过程，然而，望子成龙的心态却剥夺了孩子选择自己人生道路的权利。

有的父母可能会觉得这些说法危言耸听，"我都是为了孩子好，我怎么可能害孩子呢？"然而，很多父母都是在以爱的名义无意中伤害着孩子。例如，当孩子在商场的某个商店里哭泣时，家长可能会严肃地要求孩子停止哭泣，而没有去关心孩子为什么会哭，也没有尝试转移话题来安慰孩子。

这些行为虽是出于对孩子的关心和爱护，但实际上却伤害了孩子的感情。那么，作为家长，我们应该如何避免用"爱"来伤害孩子呢？

首先，理解孩子的情绪至关重要。孩子们的情绪是他们内心世界的真实写照。作为父母，我们需要学会倾听并理解他们的感受。当孩子表现出负面情绪时，我们应该询问原因，尝试了解他们的内心世界，而不是立即责备或要求他们停止表达情感。这样的做法不仅能够加深我们对孩子的理解和亲子关系的紧密度，还能帮助孩子学会健康地表达和管理自己的情绪。

其次，尊重孩子的个性和选择。每个孩子都有独特的兴趣和天赋，父母应当尊重他们的选择，而非将自己的意愿强加给孩子。在孩子选择兴趣爱好或职业方向时，我们可以提供建议和指导，但最终的决定权应属于孩子。这样不仅能帮助他们发展个性和兴趣，还能培养他们的独立思考和决策能力。

最后，我们需要以积极的态度对待孩子。孩子需要我们的鼓励和支持来建立自信和面对挑战。当孩子进步时，我们应当给予赞扬，而在困难或失败面前，我们应该鼓励他们坚持不懈，并提供必要的帮助和支持。这样的态度能够帮助孩子建立积极的人生观。

总之，爱是一种强大的力量，能够让我们与孩子建立深厚的情感联系，但是，我们也应该注意爱的表达方式，避免因为过度的爱而对孩子造成伤害。通过理解孩子的情绪、尊重他们的个性和选择,以及采取积极鼓励的态度,我们可以营造一个更加健康、快乐的家庭环境,让孩子在充满爱的氛围中成长为更好的自己。

第三节 SECTION 3

情绪榜样：如何帮孩子建立自信与安全感

在我们的生活中，经常能听到一些充满负能量的话语。比如"烦死了，天天这么忙，工资还这么低！""真倒霉！下这么大雨，我还没带伞。""为什么别人都过得这么好？我的生活却是一团乱麻！"这些话语是否触动了你的内心？事实上，许多母亲对生活中的不如意格外敏感，这些情绪有时会在不经意间流露出来，特别是在孩子面前时。然而，对于孩子来说，妈妈的情绪就像一面镜子，直接反映出他们对世界的理解和感知。

洪兰博士在心理学研究中指出，从人类演化的角度来看，女性的情绪能量远远超过男性。母亲是家庭的灵魂，母亲的情绪状态对于家庭的氛围有着决定性的影响。如果我们能控制自己的情绪，特别是在孩子面前，那将对孩子的成长产生有益的影响。

孩子是父母情绪的直接接收器。他们像一块海绵，吸收着周围的一切，包括我们的情绪。 而在家庭教育中，母亲扮演着至关重要的角色。某位知名女主持人曾因一次与丈夫的激烈争吵，让孩子感到恐惧，但她及时意识到自己的错误，并向孩子道歉，解释成人也会犯错。这一行为不仅修复了与孩子的关系，也为孩子树立了榜样。

爱德华·特罗尼克教授的"静止脸实验"进一步证实了孩子性格与母亲情绪之间的密切关系。当妈妈面带微笑、积极回应时，宝宝会表现出开心和满足；而当妈妈面无表情、没有回应时，宝宝会感到不安和焦虑。 这意味着，孩子的情绪状态和性格特点在很大程度上受到母亲情绪的影响。

一个情绪稳定的妈妈能够为孩子提供一个稳定、安全的环境，同时塑造他们积极、乐观的性格。 反之，如果妈妈经常情绪不稳定或暴躁，孩子可能会感到不被喜欢、缺乏自信和孤独。父母的情绪状态和行为方式对于孩子的成长具有决定性的影响。

作为父母，我们应该努力保持稳定的情绪，为孩子树立一个积极、乐观的榜样。正如姜文在《十三邀》节目中所坦言，他与母亲的关系处理得不好，导致他在成长过程中缺乏自信。这再次强调了母亲情绪对孩子成长的重要性。

英国教育家巴卢曾说:"教育始于母亲膝下。"母亲的情绪和心态是孩子感知世界的第一站。孩子是父母的情感接收器,他们对父母的情绪变化非常敏感。如果我们在孩子面前表现出负能量,孩子会不自觉地试图成为我们的"拯救者",这会让他们忽略和抑制自己的情感和感受,从而影响他们的安全感和自信心。

因此,我们要努力保持稳定的情绪和积极的心态。在日常生活中,我们可以多关注生活中积极、愉悦的一面,积极寻找生活中的美好;在面对问题时,要用积极的思维方式思考问题,不要在孩子面前抱怨、发泄负面情绪,而是要多花时间寻找解决问题的方法;当孩子犯错时,要客观地指出犯错的原因,不要把错误无限放大,更不要将错误上升到人格品质问题;当孩子遇到挫折时,最需要的是一个积极乐观的妈妈来支持和帮助他,教他如何面对消极情绪,帮助他养成积极的心态。

第四节 SECTION 4

匮乏心态警示：孩子不是父母的荣誉勋章

在养育孩子的过程中，过度追求面子有时会成为孩子成长的绊脚石。父母的期望可能会让孩子感到压抑和焦虑，甚至会对他们的身心健康造成伤害。

我曾经看到一个新闻，一个两岁半的孩子，因为妈妈期望他能够进入一家知名幼儿园，被迫参加了5个培优班，结果因为压力过大患上了斑秃，大片的头发脱落。这个例子让我们看到，父母的期望如果过度或者不合理，会对孩子的身心健康造成很大的伤害。

父母经常会对孩子说："爸妈没啥文化，你可一定要争气，为我们家争光。"或者"你要好好学习，以后才能出国留学，让爸妈有面子。"这些话虽然能够激励孩子努力学习，但是也可能会让他们忽略自己的兴趣和内心的想法，只是为了满足父母的期望而学习。

童年是人生中最重要的阶段之一。在这个阶段中，孩子需要得到充分的关注和爱护，以便能够健康地成长。父母需要了解孩子的个性和兴趣，不要拿那些所谓的神童故事来跟自己的孩子比较，因为每个孩子都有自己独特的天赋，应该得到不同的培养。

然而，随着孩子逐渐长大，他们开始形成自己的价值观和人生观，与父母之间的观念差异也日益显现。这可能导致一些摩擦和矛盾的产生。例如，父母可能会期望孩子按照他们的意愿选择职业或生活方式，而孩子则希望能够追求自己的梦想。这些不同的期望可能会导致亲子关系紧张，甚至产生冲突。

在我的学员中有两个人让我记忆犹新。一位是晓璐，她长得美丽动人，性格温柔善良，非常孝顺懂事。她的丈夫也是当地小有名气的富家子弟，两人结婚后过上了看似幸福的生活。

然而，幸福的日子并没有持续太久。晓璐的丈夫渐渐地开始疏远，甚至背叛她。每当晓璐发现丈夫的不忠时，她都会选择原谅，因为她深知自己父母的期待。她觉得自己应该为了孩子、为了家庭忍受这一切。然而，随着时间的推移，丈夫的家暴行为也越来越严重。晓璐的身体和心灵都承受着巨大的压力,她的生活变得非常压抑。

她曾多次想要离婚,但每次提出这个想法,妈妈都会质问她:"你们才刚刚结婚两年,不能离婚。你离婚后,我们怎么面对亲戚朋友,你让我的面子往哪搁?忍一忍就过下去了。"这句话让晓璐瞬间心寒。她从未想过自己的妈妈会在意这些面子的东西,而不是关心她的感受,这让她感到无比失望。

另一位是30岁的晓洁,她在社交场合总是游刃有余,但每次面对母亲的期望和压力,她都会陷入深深的无奈。晓洁的母亲深受中国传统价值观的影响,总是希望女儿能早日结婚生子,这样在亲戚朋友面前,她才会有面子。晓洁并不排斥结婚,但她希望按照自己的节奏和方式去寻找。然而,母亲似乎无法理解她的想法,总是催促她去相亲。每当晓洁拒绝,母亲就会说:"你都已经30岁了,怎么还挑三拣四的?你让我的面子往哪儿搁?"

在母亲的强烈要求下,晓洁被迫与母亲闺蜜的儿子进行了一次相亲。晓洁对母亲说:"妈,我真的对他没有感觉。我觉得我们不合适。"母亲瞬间脸色大变,生气地说:"你为什么不能为我考虑一下?我这一辈子都是为了让别人看得起我,我没让任何人因为我而丢过脸。现在我都答应了人家,你却说不合适,你让我的面子往哪儿搁?"

晓洁的心被刺痛了。她发现原来母亲的爱是有条件的,原来母亲的脸面比她的幸福更重要。

我认为在养育孩子的过程中过度追求面子并没有意义。我们应该更加关注孩子的内心世界和情感需求,而不是只关注他们的外在表现和成就。如果父母只是为了自己的面子而过度关注孩子的表现,可能会让他们感到压力和焦虑,甚至会影响他们的自尊心和自信心。

作为妈妈,**我们首先要明白,孩子是独立的个体,他们不是我们用来撑面子的工具。**父母应该自己去挣面子,而不是指望孩子。**我们应该尊重孩子的个性和需求,关注他们的兴趣和梦想,而不是让他们按照我们的期望去生活。**

其次,孩子的成绩并不是衡量他们价值的唯一标准。成绩好当然是好事,但孩子成绩不好或偶尔考砸一次,并不代表他整个人不好。**父母应该鼓励孩子全面发展,培养孩子的品德和情商,让他成为有爱心、有责任感的人。**

最后,父母需要有一个强大的内心。面对外界的压力和比较心理,我们要保持冷静和理智。同时,也要接受自己不是完美父母的事实,尽力做到最好即可。因为我们总有无能为力的时候,但是只要我们尽力了,就是对孩子最好的爱。

如果你家有爱面子的父母，作为子女的你该如何处理呢？以下是一些非常实用的小方法：

1. **自我反思**：每天花些时间思考自己的行为和决定，反思自己是否受到父母面子因素的影响。认真感受自己的内心感受和需求，以及父母的期望是否符合自己的价值观。

2. **表达感受**：与父母坦诚地交流，表达你的感受和想法，告诉他们你的追求和目标，以及你对未来的规划和期望。同时你也要听取他们的意见和想法，尊重他们的感受。

3. **设定边界**：明确自己的底线和边界，不要让父母的期望超越你的能力范围。在保持尊重和爱的基础上，坚定地表达自己的想法和立场，不为他人的意见所左右。

4. **改变行为**：在明确自己的追求和价值观后，逐渐改变自己的行为和态度，通过积极的行动和自我提升，展现出自信和独立的形象，让父母看到你的成长和进步。

而作为父母，**我们应该学会放下面子，从孩子的角度去理解他们，关注他们内心的感受和需求，帮助他们建立自信和独立思考的能力**。让孩子成为有爱心、有责任感的人，这不仅是对孩子的尊重，也是对自己的尊重。让我们一起努力成为更好的父母吧！

第五节 家庭变故应对：
SECTION 5　如何向孩子坦白离婚真相

离婚，对于夫妻双方来说是关系的结束，但对于孩子来说，这不仅是父母关系的结束，更是一个巨大的生活转折。面对这样的变化，孩子可能会感到迷茫、不安，担心自己被抛弃，对未来的家庭结构感到困惑。作为父母，我们需要勇敢地面对，用正确的方式告诉孩子这个消息，以减轻对他们幼小心灵的伤害。

1. 理解孩子的心理

首先，我们需要深入了解孩子在这个时刻的内心世界。他们可能会反复问自己："我做错了什么？""我会不会失去爸爸妈妈？""我会不会失去这个家？""如果爸爸妈妈再婚，我该怎么办？"这时，我们作为父母需要给予他们足够的支持和安慰，让他们明白：**"爸爸妈妈的决定不会改变我们对你的爱，我们会永远爱你，支持你。"**

2. 选择合适的时间和环境

选择一个合适的时间和地点与孩子谈话至关重要。选择一个安静的时刻和私密的环境，比如家里的客厅或卧室，可以帮助孩子更好地理解和接受这个消息。这样可以避免在其他人的面前谈论这个话题，有助于孩子更好地接受。

3. 用孩子能理解的方式解释

根据孩子的年龄和理解能力，我们需要调整解释的语言风格和内容的深度。对于年幼的孩子，可以用简单明了的语言和图画来解释；对于稍大的孩子，我们可以更深入地与他们谈论，同时告诉他们："**离婚只是代表爸爸妈妈之间的夫妻关系结束了，但我们对你的爱永远不会改变。**"

4. 倾听孩子的想法和感受

当孩子听到这个消息时，他们可能会有很多问题和感受。我们需要认真倾听他们的想法和感受，并给予他们足够的支持和理解。我们可以问孩子："**你可以告诉我你听到这个消息后的感受吗？如果你感到难过或者困惑，我们可以一起想办法解决。**"通过倾听孩子的想法和感受，我们可以更好地理解他们的内心世界，并给予他们适当的支持和安慰。

5. 提供情感支持

父母离婚对孩子来说是一次巨大的打击，我们需要给予

他们情感上的支持和安抚。我们可以告诉孩子："我知道你现在很难过，但你可以和我谈谈你的感受。""我会一直在这里支持你。"同时，我们也可以给孩子一个拥抱，让他们感受到我们的关爱和支持。

在告知离婚真相时，不同家庭和孩子有不同的情况和反应。以下是两个真实的案例，展示了不同家庭如何应对离婚告知的挑战：

案例一：欣欣的父母决定离婚。他们选择了一个平和的时刻坐下来与欣欣谈话。他们用简单明了的语言解释了离婚的原因，并告诉欣欣他们会一直爱她，并且会共同陪伴她成长。欣欣虽然感到难过，但她感受到了父母的关爱和支持。这个案例告诉我们，在告知孩子离婚真相时，要选择一个合适的时间和地点，用简单明了的语言解释原因，并让孩子感受到我们的关爱和支持。

案例二：薇薇的父母因不可调和的矛盾而离婚。他们选择了在家庭治疗师的陪同下告知薇薇。治疗师帮助薇薇理解父母离婚的原因，并给她提供了情感上的支持和安抚。薇薇逐渐接受了父母离婚的现实，并学会了积极应对自己的情绪。这个案例告诉我们，在告知孩子离婚真相时，我们可以寻求专业的帮助和支持，以帮助孩子更好地理解和接受这个现实。

通过这些案例，我们可以看到关键是要给予孩子足够的支持和理解。同时也可以看到在告知离婚真相时尊重孩子情感反应的重要性。尽管每个家庭和孩子的情况都不同，但我们可以从这些案例中学习如何更好地帮助我们的孩子理解和接受这个现实。

最后，我想对所有的父母说：不要感到焦虑！我们有能力正确引导我们的孩子。尽管离婚对他们会有深远的影响，但只要我们以正确的方式告诉他们真相，并给予他们充分的支持和理解，他们就能够克服这个困难，成长为更加坚强和有爱心的人。让我们一起努力，为孩子创造一个充满希望和美好的未来！

第六节
SECTION 6

自我成长教育：
如何成为孩子的好榜样

人们常说，**女人一旦成为母亲，除了名字，几乎所有方面都会发生改变**。这种转变是人生的分水岭，许多母亲在家庭琐事和责任的重压下，逐渐失去了自我。

在成为母亲之前，我们可以自由地追逐梦想，享受生活的多彩多姿。然而，当孩子来到我们的世界后，我们生活的重心似乎不可避免地转移到了关注他们的成长和教育上。我们忙于照料家庭，处理家务，而属于自己的时间和空间，甚至身份认同，似乎都会随之消融。

但是，这样的牺牲真的是必要的吗？为了孩子，我们真的需要放弃一切吗？

答案是否定的。因为当我们将所有的时间和精力都投入到家庭和孩子身上时，我们不仅可能会失去自我，对孩子和家庭而言，这也未必是最佳选择。**过度的牺牲可能会导致自**

我怀疑、焦虑和失落，这让我们不禁自问："为何付出了这么多，却依然感觉教育不好孩子？"

萨提亚模式[①]**导师林文采博士指出："如果你养孩子养得自己披头散发，那一定是养错了。"** 当我们将所有的期望都寄托在孩子身上时，就会不自觉地衡量付出与回报。当现实与期望不符时，矛盾和不满便会滋生，爱的味道也随之改变。

作为母亲，我们都希望给孩子最好的。但"最好"的定义是什么？是无休止的付出，还是自我牺牲？**实际上，给孩子最好的教育，是先成为最好的自己。**

1. 母亲的牺牲：必要还是过度？

在热播剧《小欢喜》中，宋倩为了女儿乔英子放弃了个人生活，甚至辞去了金牌教师的工作。这种母爱的代价，真的值得吗？

现实中，许多母亲为了孩子做出了巨大牺牲，如放弃购物、化妆，甚至工作。她们希望孩子能够理解这些牺牲，并因此努力学习，取得好成绩，但这些牺牲真的有必要吗？

孩子稚嫩的心灵无法承受母亲放弃自我的重负。因为母

[①] 又称萨提亚沟通模式，是由美国首位家庭治疗专家维琴尼亚·萨提亚所创建的理论体系，又叫联合家庭治疗。——编者注

亲所放弃的那部分自我，往往会在潜意识中希望从孩子那里得到"补偿"。而这种补偿，一旦失去平衡，就可能对孩子的未来造成不利影响。

2.母亲的平衡，孩子的起点

"不幸福的妈妈，养不出幸福的孩子。"对于那些叛逆的孩子，那些全心全意付出的母亲们常常感到困惑："孩子为何如此不懂事？"但叛逆的背后，有时是因为孩子太了解母亲的苦心。

在《少年说》节目中，一位高一的女孩向母亲坦白了自己的感受。她的母亲曾热爱瑜伽，拥有8年的练习经验和高级教师资格证，但为了照顾女儿，她放弃了自己的爱好。女孩说："我希望妈妈不要只关注我，而是勇敢地追求自己的梦想。"

家庭教育指导师维吉尼亚·萨提亚曾说："如果你爱我，请你先爱你自己。"母亲的幸福和充实是对孩子最好的教育。只有当母亲保持自身的平衡时，孩子才能轻松前行，自信且无负担地探索世界。

3.做最好的自己，给孩子最好的教育

世界首富埃隆·马斯克曾表示，他最感激的人是他的母亲。他说："我的母亲是我的英雄，我的成功很大程度上归功于她的培养和她独立的个性。"

梅耶·马斯克在离婚后独自抚养三个孩子，却始终保持着积极乐观的态度。她不断提升自己，取得了注册营养师资格和两个硕士学位，同时还兼职做模特和大学营养课讲师。她用行动告诉孩子们：只有不断努力成为更好的自己，才能拥有美好的未来。

谈到教育，<u>梅耶说："对孩子最有用的教育，就是让他们看到你在努力成为更好的自己。"</u>一个称职的母亲并不是要<u>完全牺牲自我；一份尽责的母爱并不意味着事无巨细、亲力亲为</u>。无论是全职母亲还是职场母亲，都应该为自己留出时间去运动、学习，或与朋友逛街、旅行，不断提升自己，保持与世界的连接。

作为家庭的核心，母亲不仅肩负着照顾孩子的重任，还经常为家庭琐事而烦恼。在这种情况下，母亲很容易陷入过度焦虑、自我攻击的境地。那么，<u>如何做到既爱自己又能引领孩子健康成长呢？</u>

以下 8 个实用的建议，值得所有母亲参考：

1. 记录并分析焦虑，感到焦虑时，尝试记录下焦虑的原因，通过深呼吸、冥想等方法来放松自己。

2. 每天自我肯定，列出自己的优点和成就，每天至少肯定自己一次，提升自信心。

3. 专注个人成长，避免与他人盲目比较，设定个人成长目标，关注自己的进步。

4. 积极寻求解决方案，面对问题，以积极的态度寻找解决方法，不沉溺于问题本身。

5. 建立支持网络，与家人、朋友保持沟通，必要时寻求他们的帮助和支持。

6. 培养一项爱好，找到热爱的活动或事物，用于放松心情、调整生活节奏。

7. 维护身体健康，保持合理饮食、规律运动和充足休息，定期体检。

8. 持续学习、保持进步，通过阅读、在线课程等方式，不断提升自己的知识和技能。

作为母亲，我们都希望给孩子最好的。**让我们从今天开始，努力成为更好的自己，为孩子、为家庭，也为自己的未来创造更多可能。**当你成为更好的自己时，你的孩子也会受到你的影响，学会积极面对生活、追求自己的梦想。让我们一起努力，为孩子创造一个更美好的未来！

第五章

拒绝容貌焦虑：
勇敢做自己

你是否曾经因为自己的外貌而感到不自信或焦虑？你是否曾经想要找到一种方式，让自己更加自信和坦然地面对外貌问题？

克服外貌焦虑

◎ 你是否常常对自己的外貌不满意，感到自卑和焦虑？

◎ 你是否曾经因为别人的评价而感到困扰和不安？

◎ 你是否曾经想要找到一种方式，让自己更加自信和坦然地面对外貌问题？

◎ 你是否曾经因为对外貌的过度关注而忽略了其他更加重要的方面？

◎ 你是否曾经想要学会更加客观地看待自己的外貌，不再被外貌焦虑所困扰？

→ 如果是，请继续阅读下去，本章将帮助你摆脱容貌焦虑，重新找回自信。

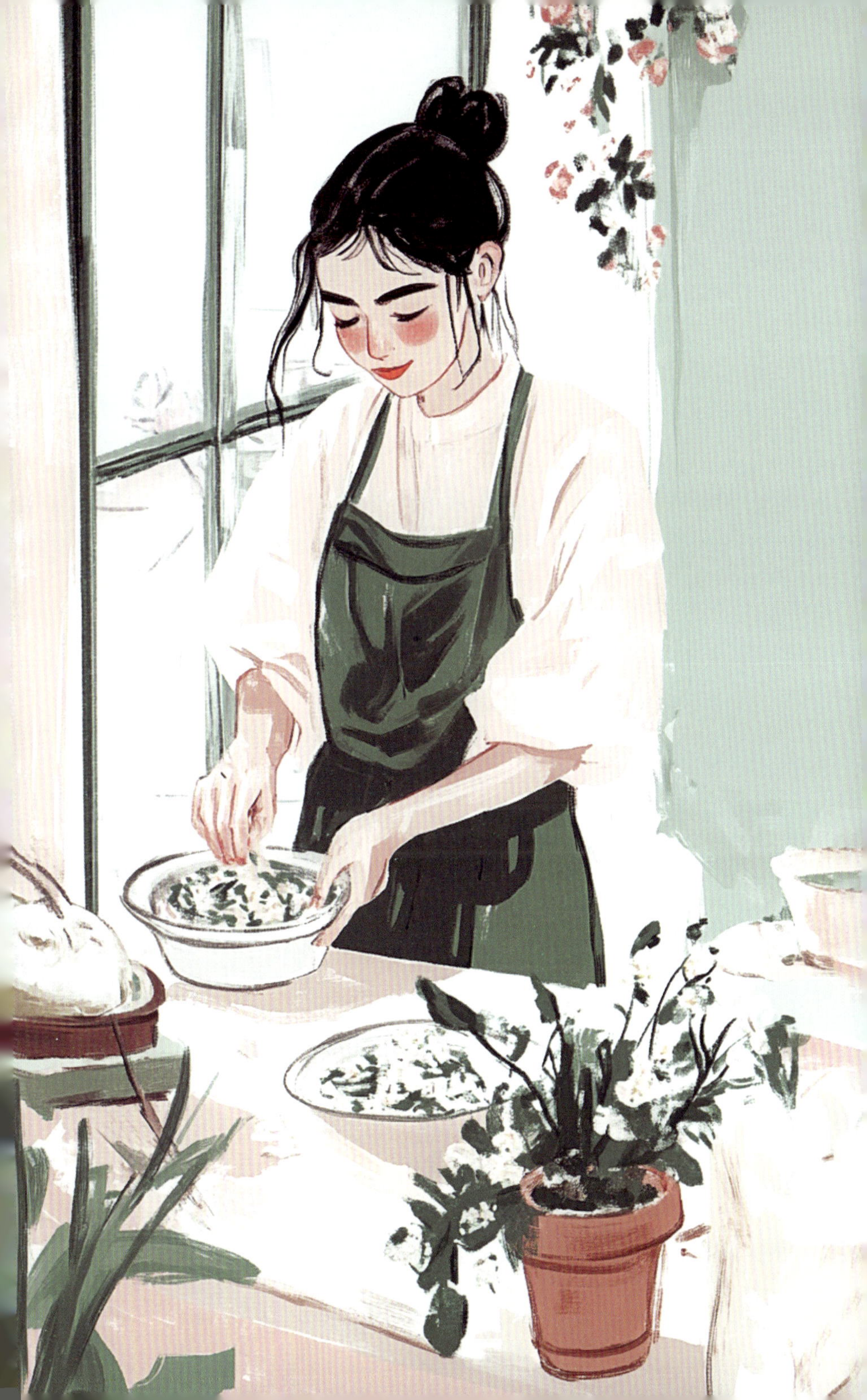

第一节
SECTION 1

自我形象焦虑：如何拥抱真实的自己

女性总是对自己的外貌不太满意。我们常常听到这样的抱怨："我胖死了，我要减肥！""我的脸怎么这么大，真想削掉一块。你看×××的脸尖尖的，多好看！"似乎无论身材和外貌如何，总有人觉得自己不够完美。然而，这种对外表的过度关注可能并非你的错。

在我们周围，确实存在一群人，她们过分在意自己的外貌，认为自己既不够美也不够瘦，这成为她们的主要烦恼。这些人可能实际上并不胖也不丑，只是自认为如此。如果你也有这样的困惑，那么了解"体象障碍"这一概念将对你有所助益。

体象障碍是一种心理疾病，它扭曲了我们对自己身体的认知。例如，你可能已经拥有了一个很好的身材，但你却仍感到自己很胖；或者你的脸型已经很吸引人了，但你却仍认为自己不够美。这种病会导致我们过度关注自己的外貌，进而产生自卑、自我封闭等消极心理。

体象障碍不仅会对日常生活和社交造成负面影响，还会影响我们的心理健康。它可能会导致我们错失许多机会，如不敢参加社交活动、不敢追求梦想等。同时，它还可能会损伤我们与家庭和朋友的关系，让我们的生活变得更加孤独和无助。

要缓解这种焦虑，可以尝试以下更为实际的方法：

1. 收好镜子与体重秤

每天照镜子或每天称体重会令你的注意力更加集中在自己的外貌上。不妨把家里的镜子和体重秤藏好，转移自己的注意力。

2. 学会欣赏自己、奖励自己

患有体象障碍的人对自己的样貌极其挑剔，照镜子的时候往往只能看到自己有缺陷的部位。对抗体象障碍就要学会欣赏自己，在照镜子的时候可以多看自己长得好看的地方。或者，你可以挑你认为在外貌上不如你的人来对比。每次觉得自己美的时候就奖励一下自己，比如看一场电影，吃一些自己喜欢吃的食物等。

3. 提前实现愿望

很多人会说，等自己变瘦变美了要买一条裙子，要拍一组写真集，要跟某个人表白……这些事情不一定要等到你认为自己完美了才去做，你可以试着把这些事情提前做了，你会发现，就算你不完美，有些幸福你一样可以获得。

4. 用客观的眼光看待自己

不要固执地相信自己的眼睛，有时要多听听别人的说法。一两个人说你美，你可能会怀疑，但是当你身边的人都觉得你不丑时，你就要相信，小缺陷并不影响你的美丽。

5. 找有趣的事做

当人有很多空闲时间时，人们就容易把注意力都放在自己关注的外貌上，但是如果你找到比关注自己的外貌更有趣更有意义的事情，你的视线就会从外貌上转移开来。

6. 保持乐观心态，给自己积极的心理暗示

时刻告诉自己"我很好""我很棒"，这种积极的暗示可以帮助我们更加自信和乐观地面对生活中的挑战和困难。

7. 培养自己的兴趣爱好

当我们专注于某项兴趣爱好时，我们会更加关注自己的成长和进步，而不是过分关注自己的外貌。

8. 关注身体健康，注重锻炼和饮食

身体健康和良好的饮食习惯可以让我们更加自信和有活力。通过锻炼和饮食调整，我们可以改善自己的身体状况，

从而减轻对外貌的过度关注。

9. 学会接受自己的不完美

没有人是完美的，每个人都有自己的缺陷和不足。学会接受自己的不完美可以帮助我们更加自信和从容地面对生活中的挑战和困难。

10. 寻求专业帮助

如果以上方法都不能帮助你摆脱体象障碍的困扰，那么你可以考虑寻求专业心理咨询师的帮助。他们可以为你提供更具体的建议和支持，帮助你更好地处理这个问题。

通过这些方法，我们可以逐步克服体象障碍带来的困扰，从而找回自信和快乐。我们应该意识到，**外貌并非衡量一个人的唯一标准，全面发展才是更为重要的。**接受自己的不完美不是妥协，而是成长的一部分。只有当真正接纳自己时，我们才能找到真正的幸福和自信。

第二节
SECTION 2

美丽比较陷阱：为何总觉得别人更美

罗斯福曾经说过:"**攀比是快乐的窃贼。**"这句话深刻地揭示了攀比心理对快乐和幸福感的负面影响。

曾经，有一位学员佳佳向我倾诉了她的困惑。她与一个相识 8 年的闺蜜有着显著的外貌差异。她的闺蜜身材高挑，拥有完美的 S 形曲线，脸蛋光彩夺目，令人羡慕。相比之下，佳佳的身高 160 厘米，体重 57.5 千克，脸型偏圆润。这种外貌差异让佳佳在与闺蜜相处时倍感焦虑，认为自己又胖又丑。更令她烦恼的是，闺蜜穿上她的衣服总能展现出更加迷人的效果，这让她对自己的外貌感到极度厌恶。这种反差让佳佳内心非常不舒服，心里一直有个疙瘩。

这个故事引起了我们的共鸣，因为我们都可能经历过类似的挣扎。尤其是在当今社会，社交媒体的普及和信息的爆炸，让我们经常被各种美丽的形象所包围。与闺蜜相处时，外貌比较是一种难以避免的现象。这种比较常常引发焦虑和自卑情绪。

为什么会陷入这种焦虑的情绪呢？

社会比较理论认为人们倾向于与他人进行比较以评估自己的能力和价值。在外貌方面，我们经常与身边的人进行比较，尤其是与亲密的朋友。这种比较往往会引发焦虑和自卑情绪。

另外，自尊心和自我认同也是导致焦虑的原因之一。当发现自己不如他人时，我们的自尊心会受到打击，自我认同也会受到影响。

同时，审美单一化也是导致我们焦虑的原因之一。每个人都拥有自己独特的美丽之处，但当我们追求他人的审美标准时，我们往往会忽略自己的独特之美，从而引发焦虑情绪。

那么，如何应对"他人的美丽"带来的困扰呢？以下是一些实用的建议：

1. **正视嫉妒心理**：承认自己的嫉妒情绪比自欺欺人更为健康。当看到别人拥有自己没有的东西时，感到羡慕是正常的。试着与这种情绪和解，而不是压抑自己。将羡慕之情表达出来也能使焦虑情绪得到一定的缓解。

2. 培养自信心：通过积极的心态和自我肯定来建立自信心。每天给自己一些正面的肯定，关注自己的优点和成就，相信自己拥有独一无二的价值。

3. 建立健康的自我认同：明确自己的身份和角色定位，不要过分依赖他人的评价和认可，相信每个人都有自己的价值和独特之处，学会欣赏和接受自己的美丽。

4. 培养良好的心态：选择积极的心态来应对与他人的比较，将注意力转移到其他方面，如发展自己的兴趣爱好、提升自己的能力等，让自己的生活更加丰富多彩。

5. 限制社交媒体的使用：如果实在无法摆脱这种困扰，可以选择暂时关闭朋友圈。因为很多时候我们在朋友圈中看到的只是他人想展示给我们的一面，那些不完美的、不如意的事情往往不会展示出来。试着关闭朋友圈两个月，你会发现并不会错过什么，反而减少了不必要的烦恼。

6. 深化友谊的内涵：真正的友谊不应建立在外貌上，而应建立在互相理解、支持和尊重的基础上。与亲密的朋友相处时，更应关注彼此的内心世界和情感交流，而不是过分关注外貌上的比较。

最后，让我们牢记："他人的美丽"带来的焦虑和自卑情绪是普遍存在的，但我们可以学会应对和化解这种困扰。通

过培养自信心、建立健康的自我认同、培养良好的心态和深化友谊的内涵等,我们可以更好地面对他人的美丽,活出自己的精彩人生,不被他人的光芒掩盖。

第三节
SECTION 3

体重疑虑：
体重增加会影响爱情吗？

在爱情的迷宫里，外貌似乎总是一个敏感而微妙的话题。一句轻率的评价，有时足以让女性陷入自我怀疑和焦虑的漩涡。随着岁月的流逝，这种焦虑往往与日俱增，成为女性心中难以摆脱的阴影。

男性有时会在无意中说出"你最近真的胖了哦，脸都圆了"这样的话，虽然可能只是一句玩笑话，但对于女性来说，这可能触及了她们内心深处的恐惧——被爱人抛弃的恐惧。女性对自己的外貌通常极为在意，她们渴望永远保持青春与美丽，因为这似乎是爱情中不可或缺的一部分。

然而，这并不意味着男性的评论是出于对女性外貌的不满。很多时候，他们可能只是无意识地表达自己的感受，并没有经过深思熟虑。他们可能认为这只是一种夫妻间的亲昵互动，就像谈论天气一样自然。

尽管如此，女性往往会因为这样的评论而感到受伤。她们可能会想："他是不是不再爱我了？是不是觉得我不够美了？是不是开始嫌弃我了？是不是喜欢上别人了？"这些疑虑无疑会给她们带来巨大的心理压力。

在感情世界中，男性常被视为视觉动物，更容易被苗条、身材姣好的女性所吸引。因此，如果女性的体型发生变化，可能会在男性心中引发一系列的思考。这种想法在现实中似乎相当普遍，但我们必须明确，体重增加并不等同于胖，"胖"是指体重超出了身体健康范围的一种情况。

我曾参与过一项真实的调研，其中几位男性表达了他们对这个问题的真实看法，听来既现实又发人深省。

A先生说："这个我不敢肯定，要看她具体会胖到哪种程度？"他举了一个电视上的例子，其中男主角只有55千克，而女主角却有95千克。他认为这种情况他无法接受，因为这个女人的体重已经严重影响了她的生活，走在街上还会被人嘲笑。然而，他表示如果女性是因为生孩子而胖的话，他不会嫌弃她，毕竟怀孕是真的很辛苦。

B先生则坚决表示："我当然会爱她了。"他解释说，他爱的是妻子的性格、脾气和她与自己在一起的感觉，而不是她的外表。他觉得爱一个人就是爱她的全部，不会因为她胖就嫌弃她。

C先生则坦诚地说:"其实,你现在问我这个问题,我真的不知道该怎么回答。"他表示如果妻子变得肥胖,他可能会面临别人的嘲笑。他希望妻子能一直保持美丽的仙女形象。

D先生则表示:"如果妻子有天真的变胖,那么我愿意跟她一起减肥。"他认为爱情就是要互相帮助,如果对方有困难,就应该互相扶持。他愿意陪伴妻子减肥,因为他也曾经得到过妻子的帮助。

E先生的回答则特别有意思,他说:"我觉得这个问题不存在,因为我的妻子是一位非常注重形象的优雅女性,与其问我是否能接受她变胖,还不如问她自己能接受她自己变胖吗?"

人们往往会将外貌和其他方面联系在一起,认为外貌美丽的人也拥有其他美好的品质。这种偏见被称为"美貌偏见"。然而,这种偏见是错误的,一个人的外貌并不应该成为评价他们价值的唯一标准。

心理学上有一个概念叫"自我实现预言",意思是我们的预期会影响我们的行为和结果。如果我们过于关注自己的外貌,那么我们可能会陷入焦虑和自卑的情绪中,这种情绪又会影响我们的行为和结果。

　　面对这种情况，女性应该如何应对呢？首先，不要过于敏感。男性的话可能只是不经意间说出的，并没有恶意。其次，要相信自己。你的美丽不仅在于外貌，更在于你的内在品质和性格。同时，与伴侣坦诚沟通，告诉他你的感受，让他了解你的想法，这样你们之间的关系会更加和谐。最后，你要明白你的美丽是用来取悦自己的，而不是取悦他人的。当你足够爱自己时，你自然会变得更好。

　　我希望你追求健康的生活方式和更好的身材，是出于对自己的喜爱和尊重，而不是出于对失去爱情的恐惧。真正的美丽，源于内心的自信和自爱。

第四节 SECTION 4

背后议论的痛：如何应对他人的外貌评价

在公众场合，我们有时会感到一种难以名状的注视。那些窃窃私语，那些指指点点，总让我们怀疑自己是不是哪里不得体。是裙子的长度不合适，还是头发有些凌乱，又或是脸上有什么不妥？这些疑虑和担忧，就像一根根紧绷的弦，时刻提醒我们注意自己的形象。而当我们在聚会上穿上新衣服时，却换来一句"这衣服不太适合你"，这些看似无心的评论，却总能触动我们内心深处的敏感地带。

我们都知道，关注自己的外貌是再正常不过的事情。与人交往，我们自然希望给对方留下一个好的印象。然而，当我们发现自己过于关注外貌，以至于它开始影响我们的情绪和人际关系时，我们就需要深入思考一下为什么会这样。美国心理学家汤姆季洛维奇曾经进行了一项有趣的实验。他让被试者穿上引人注目的T恤走进教室，然后让他们估计有多少人会注意到他们的衣服。结果发现，被试者们普遍高估了别人对他们的关注度。**这种心理现象被称为"聚光灯效应"或"焦点效应"。**

简言之，我们常常过于在意自己的表现和别人的看法，而忽视了实际情况。我们可能会认为别人一直在关注我们的缺点或不足，但实际上，他们可能只是忙于自己的生活，并没有太多心思去关注别人，所以，我们需要调整自己的心态，不要过度在意别人的看法。

在社交媒体如此发达的今天，人们的外貌似乎变得越来越重要。我们花费大量时间和金钱来打扮、健身和整容，希望通过外表来获得更多的认可和关注。然而，这种对外表的过度追求往往会导致我们对他人的意见过度在意，甚至引发焦虑和不安。

那么，如何有效应对这种外貌焦虑呢？**首先，关键在于认清其根源——过度在意他人看法，这往往与童年经历或社会文化影响有关。对于那些在背后议论他人的人，我们大可不必放在心上，因为他们的言论大多缺乏客观态度。过分在意，只会让我们陷入情绪的漩涡，影响心态与情绪。**

当被非议时，我们应如何应对？**首先，我们需要做好自己，保持自信。我们无法控制别人的评论，不如把时间和精**

力花在提升自己上。其次，明确自己的底线，加强自我认同感。对于无关紧要的小事，我们可以选择充耳不闻，但如果触及个人底线和尊严，我们需要明确立场。同时，我们也应该以开放的心态理解和接纳他人的议论，也许我们能从中发现有价值的反馈。此外，我们要明白，对陌生人来说，我们并不重要，他们只关注自己。因此，别太在意别人的目光，活出真实的自己。

记住，外貌不是你的价值所在，你的内在才是。不要让他人的议论影响你的人生轨迹。正如乔治·艾略特所说："你是你自己的画家，你有权力画出你想要的生活。"你是一朵花，不是因为你的花瓣有多美，而是因为你有香气。每个人都有自己独特的魅力与价值，关键是找到它并展现出来。

第五节
SECTION 5

追求完美的困境：
理想形象与现实之间的挣扎

在镜前审视自己时，你是否曾暗自思忖："如果我能再白一些、再瘦一些、再美一些，那该有多好？"这种渴望反映了我们对完美无瑕的外表的无尽追求。<u>心理学家指出，当个体的期望过高，与现实存在显著差距时，焦虑就会产生。</u>

在这个以瘦为美的时代，不少人为了追逐那所谓的"完美"身材，不惜尝试各种极端的减肥方法。然而，这些做法往往不仅无法实现预期的效果，反而可能对身体和精神造成不可逆转的伤害。例如，2021年的夏天，一个名叫菲菲的23岁上海女孩，因一句来自男友的评价——"肚子上肉多"，而踏上了极端减重的不归路。她的体重急剧下降，从57.5千克减至34千克，身体变得如竹竿般脆弱。随之而来的是体力与精力的严重耗损，连行走都困难。更严重的是，她的身体机能开始衰竭——肝功能衰退、激素分泌失调，甚至生命垂危。精神上的折磨同样剧烈,她被焦虑和抑郁困扰,尽管后来她努力恢复饮食和增加体重,但始终无法回到正轨,减肥成了控制她生活的旋涡。

菲菲的故事并非个例。它提醒我们,**虽然追求美丽的外表无可厚非,但健康的身体和稳定的心理状态更为关键**。在理想与现实之间寻找到一个恰当的平衡点,才能让我们的生活更加美好和充实。

心理学中有两个核心概念:"理想自我"与"现实自我"。理想自我是我们内心渴望成为的形象,而现实自我则代表我们当前的状态。两者之间的差距过大时,我们往往会感到不安和焦虑,有时甚至会采取过度追求外表完美等不健康的应对策略来弥补这一差距。

近期,一则新闻震惊公众:一位年轻女性花费 400 万元进行了 200 多次整容手术,最终结果是只能依靠轮椅生活。自 16 岁起,她就踏上了整容之路,历经抽脂、丰胸、隆鼻等多种手术。初期,整容让她变得更美,成为众人瞩目的焦点,但她并未止步,而是沉溺于不断改变外貌的过程。不幸的是,整容并不是总能如人所愿。一次胸部手术中的意外导致她遭受了巨大痛苦,最终不得不在医院取出假体,而她的乳房几乎失去了知觉。然而,如此巨大的代价并没有换来更加美丽的外貌，相反，她的身体出现了多种并发症，面部表情也变得越来越僵硬。这位年轻女性的整容经历成了一个警示，**提醒我们在追求美丽时必须保持适度。**

整容无疑是个人的选择与需求，但我们不应忘记适度的重要性。 过度整容不仅可能无法达到预期效果，还可能对我们的身心造成严重伤害。**我们应该理性选择适合自己的方式，同时培养良好的生活习惯，如均衡饮食、充足睡眠和适量运动。**

美丽并没有单一的标准，你本就是独一无二的存在。 与其在外表上不断追求完美，不如发掘内心的光华去照亮这个世界。**健康的心态胜过所有的外在美。**

我们可以追求完美的外貌，但更为重要的是如何看待自己。每个人都有独特的闪光点，与其在外表上不断比较和焦虑，不如学会欣赏自己的独特之处。请记住，**真正的美丽源自内心的光芒和自信。** 当我们学会珍惜和爱护自己时，我们会发现，**真正的美丽不仅是外表的美丽，更是内心的丰富与平和。** 让我们拥抱真实的自己，用内心的力量去创造属于我们自己的美好人生。

第六节
SECTION 6

美的多样性：
拒绝标签，自信绽放

你是否因为别人的评价而对自己的外貌感到焦虑？在这个对外表过度关注的社会里，我们常常陷入对"完美"的误解中，但我要告诉你，**美，从未有过一个固定的标准答案；胖，也不应该被简单地贴上标签。**

有位名叫美琪的女孩，从小就被家人和朋友笑称为"胖妞"。尽管尝试了各种减肥方法，但她的体重并没有明显下降。然而，美琪并没有陷入自责和沮丧中。相反，她学会了如何依靠穿着打扮来展现自己的魅力。最终，她成了一名成功的时尚博主，收获了无数粉丝和支持者。这个案例告诉我们，胖并不等于不美，每个人都有自己独特的魅力。

为什么我们会深陷这样的观念泥淖呢？这背后，其实蕴藏着许多心理学上的理论。**首先，我们要明白，美，本质上是一种主观的感受。每个人都有自己独特的审美观。** 有的人偏爱苗条的身形，有的人则更欣赏丰满的曲线，因此，我们不能简单地将美局限在一种固定的标准中。

其次，我们需要认识到，胖并不等于不健康。很多体型偏胖的人身体非常健康，他们可能是缺乏运动或者饮食习惯不够科学，但这并不代表他们的身体有问题。反观那些为了追求瘦身而过度节食或滥用减肥药物的人，他们才可能面临健康风险。

那么，如何摆脱身材焦虑呢？最直接的方法就是做好自己，接纳自己。过度关注自己的身材，其实是无意识地贬低自己，这种极度不自信的表现只会让我们陷入更深的焦虑中。

同时，我们也要明白社会压力对我们的影响是不可忽视的。广告、媒体和社交网络都在向我们灌输"标准美"的概念，这使得一些人误以为只有达到某种外貌标准才是有价值的。然而，这种观念是错误的。我们应该明白，一个人的价值不应该仅仅取决于外貌。

我们从来都不应该被局限在别人的标签中，也没有所谓的"应该"的样子。我们的身材是自由的，我们的容貌是自然的，我们的生活是自在的。董卿曾在《朗读者》中说："女性可以在艺术中浸润出一份修养，也可以在科学中历练出一种风度。美从来不止一种，可以说，无数女性自由辽阔的灵魂在伊人的精神版图上拓展着美的边界，既宜室宜家，也为国为民。"每一位女性都应当学会珍爱自己，勇敢拒绝标签，摆脱不必要的焦虑，找到真正属于自己的生活态度。

我曾经在一次公开课的"撕标签"活动中，随机采访了两位女性，她们都表示对自己比较满意，并对未来充满期待。当被问及在生活中是否曾被贴上标签时，她们都坦言曾遇到过这样的情况。其中一位 24 岁的在校研究生表示："曾经有人说我很胖，他们甚至会用'丑'来形容我，但我始终认为每个人的审美都是不同的，我有许多朋友都很喜欢我，我对自己也很满意。对于那些随意评价别人的人，我并不在意，因为那是他们缺乏品味的体现。我坚信美是多元化的，不需要一个统一的标准。"

另一位 33 岁的服装店老板分享道："高中时期，曾有人恶意嘲讽我的胸部大。那时，我因为不自信而害怕男生关注我，甚至故意弯腰驼背来隐藏自己的身材，但后来我意识到，这样的嘲讽不仅不尊重女性，也是完全没有必要的。如今，我自信地做自己，不再让别人的看法影响我。**美是一种尊重和舒适，不应该被局限在统一的标准里。同时，审美是一种复杂的综合能力，而其中最关键的要素就是我们对自己**

的喜欢和接纳。"

最后我想说：**真正的美并不仅仅局限于外貌的完美无缺或是身材的纤细苗条。美是一种由内而外散发的光芒和魅力。无论你的身材如何、无论你拥有怎样的外貌，你都是独一无二的、美丽的、值得被善待的，你值得活出最真实的自己。**让我们从内心为自己喝彩："我真的很美！"

第六章

安全感：
你内心长出的盔甲

你是否感到生活的压力和不确定性让你疲惫不堪？你是否想要找到一种内心的力量，让自己更加坚定和自信地面对生活的挑战？

小测试

寻找内心的安全感

◎ 你是否常常感到自己的生活充满了不确定性和压力？

◎ 你是否曾经因为害怕失败而不敢追求自己的梦想？

◎ 你是否感到自己的内心缺乏力量和自信，无法面对生活的挑战？

◎ 你是否曾经寻找过内心的平静和安宁，以应对生活的压力和不确定性？

→ 如果是，请继续阅读下去，本章将帮助你给内心穿上盔甲，获得真正的安全感。

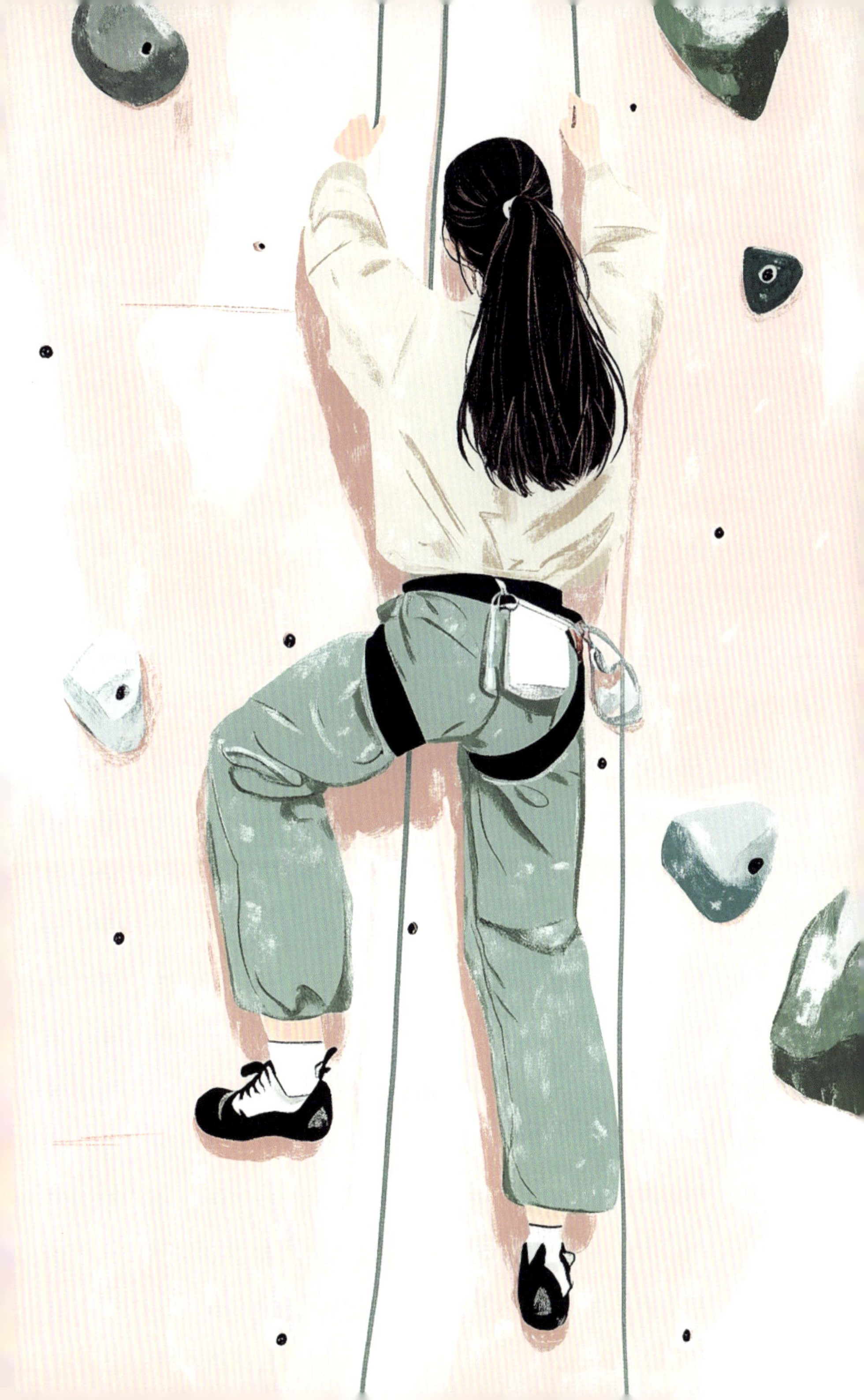

第一节 SECTION 1

生活的不确定性：接受并适应未知的变化

你是否曾精心策划周末的行程，却被突如其来的加班打乱？或者出门时忘带伞，结果遭遇倾盆大雨，让你措手不及？**生活，就像一个调皮的孩子，总爱给你制造一些"惊喜"，让你感受到它的不确定性。**

艾莉是个对生活很有规划的人，总是提前一个月制订好旅行计划。然而，有一天，她突然接到了公司的紧急出差通知。艾莉的旅行计划被打乱了，她一下子慌了手脚。

生活就是这样，充满了不确定性。有时候你以为一切尽在掌握之中，但突然之间，一切都变了。这时，我们需要做的不是抱怨，而是接受并适应这些变化。

从心理学的角度看，这种不确定性是我们生活中不可或缺的一部分。我们的思维方式、过去的经验以及对未来的想象都影响着我们如何理解和应对这种不确定性。我们的大脑

会下意识地寻找规律和模式，以便更好地预测未来，但生活并不总是按照我们的预期发展。

面对生活中的"惊喜"，你可以选择抱怨连连，也可以选择笑对人生。毕竟，连太阳都有时候不按常理出牌，从云朵背后露个脸逗你一下。

当我们面对生活中的突变时，是选择哭泣还是微笑？其实，生活本身就是一个不断适应变化的旅程。我们常听到这样的说法："做最坏的打算，尽最大的努力。"听起来很有道理，但焦虑型人格的人会发现，生活中越想越焦虑的事情很多，尤其是面对诸多不确定因素时。

从进化角度看，掌握的信息越多，我们越感到安全。加利福尼亚州圣何塞心理治疗师玛格丽特·科克伦说："我们的忧患意识与生俱来，这是一种生存机制；我们的大脑在过去一万年中并没有进化多少，我们仍然保留忧患意识，时刻对危险保持警惕。"长期生活在忧虑中，可能对人体机能产生影响。"我们身体中的战斗或逃跑反应被激活，"科克伦说，"接着我们的体内会产生大量化学物质。"这原本应是短期反应，一旦威胁消失，大脑因恐惧而释放的化学物质就会恢复正常。但科克伦补充道："我们无法摆脱目前所经历的种种不确定因素，这种不确定性会日复一日，导致我们的身体不断释放肾上腺素。"这并不是好事，因为这些应激激素水平过高会导致高血压、肥胖症等疾病。

当然，**康涅狄格州心理学家罗珊娜·卡潘娜·霍奇表示，不确定性对心理上的影响最为显著。**"现在，我们都感到失控，"她说，"在新冠疫情期间，我们两三年间经历的所有变化，有好有坏，这都会让人们感到非常不舒服，大多数人无法适应这些变化。"

如果你觉得这种不确定性让你感到不安，那么你并不孤单。尽管你可能有种无助感，但以下几个建议可以让你更好地面对这种不确定性：

1. **接受不确定性**：我们要认识到生活中充满变数，并且这些变数无法完全避免。接受不确定性是应对挑战和变化的开始。当你拥抱不确定性时，你会发现自己不再那么无助和焦虑。我们要尝试去适应这些未知而不是抗拒它们。随着你了解得更多并增加了经验和知识，你会发现自己在面对各种情况时更有信心和应对能力。

2. **保持积极心态**：在遇到问题时尝试从积极的方面去看待它。相信自己有能力找到解决方案，这种自信会让你更加从容地面对各种困难。培养乐观和积极的思维习惯有助于更好地应对不确定性。

3. **管理思维**：当发现自己开始过度思考时，你要提醒自己放松并转移注意力，将注意力转移到其他事物上，例如听音乐、做运动或与朋友聊天。学会控制自己的思维和情绪是应对不确定性的重要技巧。

4. **保持忙碌**：让自己一直有事做以避免过度关注未来的不确定性。专注于当下，做一些你喜欢的事情来保持心情愉悦和充实，例如做家务、画画或玩游戏等。

5. **避免最坏的情况**：当你发现自己开始往最坏的方向想时，告诉自己"这样想没有帮助"。试着转移注意力去做一些你喜欢的事情以放松心情，例如看电影、旅行或与家人共度时光等。

6. **接受生命中的未知**：认识到生活中总会有未知的领域，也总有未知的事情发生。试着去适应这些未知而不是抗拒它们。随着你了解得更多并增加了经验和知识，你会发现自己在面对各种情况时更有信心和应对能力。

7. **设定目标和计划**：设定明确的目标和计划可以帮助你在面对不确定性时更有方向感。当有了目标和计划时，你会更有动力去应对各种挑战和变化。通过设定可实现的目标和制订实际的计划，你可以更好地掌控自己的生活并朝着自己的目标前进。

人生就是一场与不确定性的赛跑，只有接受并超过它，我们才能找到属于自己的道路，活出真正的自我。 通过以上建议，我们可以更好地应对生活中的不确定性，并在这个旅程中不断成长和发展。

第二节
SECTION 2

不要强迫自己：找到平衡的生活方式

你是否曾在夜深人静时，望着星辰思考生活的意义？是否在疲惫之际，渴望找到那份属于自己的平衡？别再逼迫自己，<u>让生活成为一场轻松愉快的旅程吧</u>。

你是否曾为了一个项目加班到深夜，却发现方案漏洞百出？你是否为了减肥几周不吃主食，却一聚餐就前功尽弃？你是否为了完成绩效指标牺牲所有休息时间，但结果却不尽如人意？这些经历让我们意识到，很多时候我们不是不够努力，而是太过于逼迫自己。生活中的"应该"像一座座大山，压得我们喘不过气来。

学员贝拉为了在男友面前展现完美形象，逼自己学会多项技能，内心却痛苦不堪。这样的例子并不少，我们总是为了别人或社会的期待逼自己，却忘了内心的真正需求。

<u>过度强迫自己只会让我们的生活变得更加焦虑和困顿。</u>

找到平衡的生活方式，才是我们真正享受生活的关键。 有人说，平衡的生活就像走钢丝，需要小心翼翼地保持。但其实，**真正的平衡不是追求完美，而是找到内心的满足和自在。**

在追求平衡的过程中，我们可能会遇到各种困难和挫折。有时我们会感到疲惫或无助，甚至会陷入负面情绪中无法自拔。 但是，我们必须坚信，**人生没有过不去的坎。** 就像大张伟在《天天向上》节目中透露的那样，他长达十年的焦虑史让他学会了"假装开心"，最终让自己真正开心起来。

凯蒂因为谈了5年的男朋友突然提出分手而陷入了绝望中，甚至拿起了水果刀想要自杀。幸运的是，她的朋友及时赶到并阻止了她。这个故事告诉我们，不要因为一时的冲动而放弃生命，**只要活着就会有无限的可能。** 在面对负面情绪时，我们不能让它吞噬了自己，我们需要学会原谅自己、宽容自己，不钻牛角尖，这样我们心里就会少些不愉快，多些快乐和满足。

那么，什么是平衡的生活方式呢？简单来说，就是在工作和生活之间找到一个合适的平衡点。这并不意味着我们要放弃自己的目标和梦想，而是在追求这些目标的过程中，关注自己的需求和感受，让自己的生活变得更加丰富多彩。

如何找到这个平衡点呢？以下是一些建议：

1. **深入了解自己的需求和感受**，**试着每天抽出一些时间，记录自己的情绪和需求**。问问自己，什么事情让你感到快乐，什么事情让你感到有压力。这样可以帮助你更好地了解自己的内心世界，找到适合自己的生活方式。

2. **不要过分追求完美**，**完美是一个无法达到的目标**。有时候，放松一点，接受自己的不完美，反而会让你更加轻松和快乐。你可以试着给自己设定一些小目标，一步步去实现，而不是一下子达到完美。

3. **设定合理的目标**，**设定目标的时候，要考虑到自己的实际情况和能力**。不要设定过高或者过低的目标，而是要根据自己的实际情况来设定，这样不仅能够帮助你更好地实现目标，也能够减轻压力。

4. **给自己留出时间放松**，**生活中需要有一些放松的时间**。你可以选择自己喜欢的活动，比如运动、阅读、旅行等，这些活动能够帮助你放松身心，恢复精力。

5. **建立良好的人际关系**，**与家人和朋友保持良好的沟通是非常重要的**。试着花一些时间和他们在一起，分享彼此的生活和感受。当你遇到困难的时候，他们可以给你支持和帮助。

6. 培养健康的生活习惯，健康的生活习惯是平衡生活的重要组成部分。试着保持规律的作息时间、健康的饮食、适当的运动等，这些习惯不仅能够帮助你保持身体健康，也能够调整你的心理状态。

7. 学会说"不"，有时候，为了保持平衡，你需要学会拒绝一些事情。不要害怕拒绝别人的请求或者邀请，而是要学会根据自己的需求和情况做出选择。

总之，生活不是一场短跑竞赛而是一场马拉松，我们需要学会在奔跑中找到快乐，找到属于你的平衡点，让生活成为一场美丽的舞蹈。请不要强迫自己，享受生活的不完美。这世界本就不完美，而正是因为这不完美，让生活更加丰富多彩。

第三节 SECTION 3

内心是最安全的角落：构建自我庇护所

在这纷扰无常的时代，我们都在寻觅一个属于自己的安全港湾。或许对某些人而言，衣柜深处的幽暗角落能提供片刻的宁静；而对另一些人来说，温暖的床铺与厚重的被褥构成了避世的桃园。那么，对你来说，哪里才是那个能让你心灵安顿的安全角落？

贝壳找房推出的短片《安全角落》，以朴素的镜头语言触动了我们的内心。没有华丽的特效，没有紧张刺激的剧情，却直指人心深处的渴望。短片中，书桌下的影子成了休憩的秘密基地；婴儿房充满了新生与希望，抚慰着成年人的心灵；浴缸或泡脚桶中的热水洗去一身疲惫；与家人共享的餐桌，是心灵的归宿；即便是马桶上的独处时光，也是暂时逃离现实的私人空间。

这些平凡的安全角落，承载着我们的情感与记忆，它们在我们需要时给予我们最大的慰藉。短片传递出的信息清晰而深刻：在这个充满不确定性的世界里，我们都需要找到一个属于自己的安全角落，让生活的艰辛变得易于承受。

安全感这个词唤起了舒适、安定与内心的宁静，它是我们追求的目标，是我们在动荡世界中的避风港。一个有安全感的人，面对挑战和变化时，会更加从容不迫。

然而，**安全感并非仅仅源于外部环境，它更多地植根于我们的内心**。我们内心的恐惧——对未知的担忧、对危险的警惕、对失去的恐惧，在一定程度上保护着我们，使我们更加谨慎地应对生活中的挑战。但过度的恐惧会侵蚀我们的幸福感，使我们陷入焦虑和不安。因此，适度的安全感是必要的，它使我们能够保持冷静和理智，正确应对生活中的各种挑战。

一个有安全感的人，眼神坚定、身姿挺拔、面容平和。他们在面对意外和危险时，能做出正确的判断和选择。 他们知道如何信任他人，如何在受到欺骗后吸取教训。相反，缺乏安全感的人往往表现出犹豫、怯懦和紧张，容易受外界影响，难以保持内心的平静。

安全感是心理健康的重要基石，我们可以将它比喻为一株植物，即使在贫瘠的土壤中，只要我们精心照料，它也能

茁壮成长。真正的安全感，源自我们的内心，是用坚韧的意志、理智的思考、情感的温暖和科学的方法共同编织成的坚固护心甲胄。

那么，如何获得安全感呢？以我的学员艾米为例，她从小生活在一个不稳定的家庭环境中，父母经常争吵，最终离异，这让她内心深处缺乏安全感。成年后，艾米希望通过婚姻找到那份缺失的安全感。然而，丈夫的忙碌让她感到被忽视。工作中，她也总是感到不安，担心自己的能力不足。为了摆脱这种不安感，艾米开始寻求帮助。最终，她意识到：**世界上最安全的角落是自己的内心。**每个人的内心都是一个坚不可摧的堡垒，只要你愿意，随时都可以回到那里寻找平静和力量。

通过与自己内心的连接，我们可以获得更深的洞察力，更好地应对生活中的挑战。**每个人都有自我保护的本能，了解和认识这种本能，可以帮助我们在遇到困难时迅速做出反应，为自己筑起一道坚固的心理防线。**

为了更好地建立和巩固心理防线，你可以尝试以下几种方法：

1. 创作快乐日记，每天记录下让自己感到快乐的小事儿，无论是看了一部喜欢的电影、和好友聚会还是完成了一个小目标。通过回顾这些快乐时刻，提升自己的幸福感。

2. **拥抱小确幸**，每天早上醒来时，想一想今天有哪些小小的期待和幸福，无论是喝一杯喜欢的咖啡、听一首喜欢的歌曲还是见一个想念的人。这些小确幸会给你带来积极的能量。

3. **练习感恩冥想**，在每天的早晨或晚上，花几分钟时间感恩生命中的人和事。通过冥想的方式，让自己意识到生活中的美好。

4. **准备情绪宣泄箱**，准备一个箱子，将所有让你感到不安、压力或负面情绪的东西放进去，比如写满不愉快的小纸条等。每隔一段时间，打开箱子，释放掉这些负面情绪。

5. **与大自然亲近**，离开城市的喧嚣，去大自然中散步、登山或野餐。与大自然亲近可以让你放松身心，感受到宁静和和谐。

6. **写情绪日记**，记录下每天情绪的变化，了解自己的情绪周期。通过观察和记录，更好地理解自己的情绪，并找到适合自己的情绪调节方法。

7. **与自己对话**，找一个安静的地方，和自己进行对话。问问自己最近过得如何、有哪些进步和困难。通过与自己的对话，更好地认识自己，并找到内心的平衡。

你的内心，是你的避风港，也是你力量的源泉。别忘了，你是自己世界的主宰，你的内心是最安全的地方。**勇敢不是不害怕，而是即便心怀恐惧，仍然勇往直前**。让我们勇敢地面对这个世界，用心去浇灌内心的安全感。**当我们成为自己安全感的不倦园丁时，我们便能真正地感受到内心的平静与力量**。

第四节 接受不完美：在缺憾中找到真实的人生

在人生的舞台上，我们都在努力追求完美，期待能演绎出最精彩的角色。然而，完美真的存在吗？有些人因过于苛求自己，在疲惫与焦虑中迷失了自己。其实，接受不完美，才是人生真正的智慧。

芬妮从小就是人们口中的"别人家的孩子"，聪明、漂亮、优秀。然而，随着时间的推移，她发现自己越来越焦虑，总是追求完美，不容许自己犯一点错误，恐惧瑕疵，这使她失去了真实的自己，也失去了快乐。

其实，我们都曾是芬妮。在成长的路上，我们努力追求完美，却常常忘记了自己的初心。然而，你是否意识到，追求完美其实是一种逃避？逃避真实的自己，逃避内心的缺憾。接受不完美，是一种勇气，也是一种智慧。没有人是完美的，每个人都有自己的缺点和不足。只有接受这些不完美，我们才能更好地认识自己，找到真正属于自己的路。

这个过程并不容易，它需要我们不断地反思与成长，但当我们真正面对自己的不完美时，我们会发现，原来自己可以如此强大。真实的人生，必有缺憾。那些看似完美的人，其实往往隐藏了真实的一面；而那些敢于面对不完美的人，才是真正的勇士。

生活中，我们总在不断地追求完美，但我们要知道，过度追求完美往往带来的是压力与痛苦。因此，我们要学会欣赏生活中的缺憾，它正是生活的真实写照。

生活就像一幅画，而缺憾则是那画中的一笔。没有这一笔，生活或许会失去很多色彩。所以，珍惜生活中的每一个缺憾吧，它让你的生活更加真实、丰富。那么，如何调整自己的心态呢？以下是一些建议：

1. **不苛求自己**，不要总是问自己是否做到位了，不要过分在乎别人的看法。每个人都是独一无二的，都有自己的闪光点。

2. **改变观念**，世界上没有完美的事，保持平常心、知足常乐才是对待不完美的应有心境。要学会欣赏自己的不完美之处，因为正是这些不完美构成了真实的你。

3. **改变释放方式**，心情压抑时选择正确的方式发泄，如写日记、绘画、唱歌、听音乐、运动等。在这个过程中，你可以释放自己的情绪，找到内心的平静。

4. 顺其自然，不要对抗生活，学会接纳无法控制的局面。要知道，真正的成长是在接受不完美中实现的。

5. 追求适度，任何事都有度，超过这个度会有不良后果。适度的追求可以让你更加专注于目标，而不会迷失在无尽的欲望之中。

6. 失败时原谅自己，设想你会如何安慰朋友，用这个视角找到原谅自己的方法。失败是人生的一部分，原谅自己才能更好地面对未来。

7. 寻求专业的帮助，如果你发现自己无法调整心态或情绪问题持续存在，可以考虑寻求专业帮助。心理医生或心理咨询师可以帮助你解决心理问题，为你提供有效的治疗方案。

钻石再美也有瑕疵，黄金再纯也有不足。万物皆有缺陷，人亦如此。我们无须对自己或他人有过高的要求，因为人永远无法达到完美。**有时候，故意创造一些缺憾也是一种智慧**。就如，寺庙古建筑的设计师们明白月盈则亏、物极必反的道理，故意在设计中留下一些残缺以此达到和谐的目的。

完美的人生，其实是一个接受并拥抱不完美的过程。 阴阳、黑白、善恶无不自然地共存于世，只追求完美，可能会让你失去更多生命中的美好。人生如修行，修行即是不完美。学会接受不完美，才是真正的人生智慧。

第五节
SECTION 5

与孤独共处：
学会独立与自立

在人生的喧嚣中，孤独感悄然而至，如同一个沉默的旁观者，让你感觉仿佛全世界都在欢笑，而你却独自站在角落。然而，这个看似可怕的孤独，实际上是我们成长的催化剂，是与自己对话的宝贵机会。它并不可怕，而是我们生活中的一部分，是我们的"内在朋友"。它像一个警钟，提醒我们重新审视自己，调整生活的方向。所以，下次当你感到孤独时，不妨对自己说："嘿，老朋友，又来了！"

格蕾丝是个光芒四射的女孩，总是活跃在各种社交场合。然而，在这光鲜亮丽的背后，隐藏着一个不为人知的秘密——她害怕孤独，内心深处总是充满恐惧。从小，格蕾丝就害怕一个人独处。长大后，她不自觉地在感情中寻求异性的陪伴，但在每一段感情中对方都觉得她"太黏人了"，因此每段感情都以失败告终。每当夜深人静时，她总会拿起手机，刷着朋友圈和微博，看着别人的精彩生活，内心却越来越焦虑。每当这时，格蕾丝总会选择逃避。她喜欢在下班后奔赴各种社交场合，沉浸在喧嚣中，试图忘记内心的孤独与不安。但这种社交方式渐渐变成了一种无效的循环：她投入了大量的金钱和时间，却发现这些并不能填补内心的空虚。

我们都害怕孤独，却又常常在忙碌和喧嚣中逃避它。我们害怕孤独，因为我们太依赖外界的认可和关注来证明自己的价值，但你要知道，真正的价值来源于你对自己的认识和接纳。那么，我们为何会感到孤独而渴望寻求依赖呢？这背后隐藏着怎样的心理秘密？

心理学家指出，依赖大致可以分为两种情况：生活依赖和情感依赖。生活依赖往往源于对舒适圈的眷恋，情感依赖则源于对被抛弃的恐惧或是过去的创伤。依赖导致过度容忍和讨好等行为的产生。 当我们为了满足自己的安全感而不得不依赖他人时，我们就会采取这种姿态去沟通。然而，**真正的安全感其实来源于我们自己，而非他人**。只有当我们学会自我接纳和爱护，才能真正摆脱对别人的依赖。

孤独并不等于寂寞，它可以是一种能力，一种享受。富有创造力的人往往有长时间的独处时光。真正的智慧并非抵制孤独，而是学会与之共舞。 与其抗拒，不如拥抱，因为孤独也许正是我们寻找内心宁静、理解生命真义的契机。那么，如何应对孤独呢？以下是与孤独共处的小技巧：

1. **冥想，** 通过冥想，我们可以更好地了解自己的内心需求和感受。每天花 5 分钟静坐、深呼吸，专注于自己的呼吸和感受。然后你会发现，你与自己的内心更近了。

2. **培养兴趣爱好，** 当你正在做真正热爱的事情时，你会发现时间过得飞快。无论是画画、写作、做手工艺品还是烹饪，这些活动都能让你全情投入，忘记孤独的存在。

3. **自我对话，** 这是一个很有意思的方法。每天花点时间写下自己的感受和想法，就像和一个朋友聊天一样，和自己分享你的心事。然后你会发现，你越来越了解自己了。

4. **创造仪式感，** 给自己制造一些小小的仪式感，比如每天早上泡一杯热茶、晚上为自己做一顿美食或者睡前读一段喜欢的书。这些小仪式，能让你感受到生活的美好和温馨。

5. **适度社交，** 虽然我们不能完全避免社交活动，但我们可以适度调整，给自己留出独处的时间。

6. **享受生活，** 当你真正地投入其中时，你会发现生活中处处都有乐趣。无论是旅行、烹饪还是舞蹈，只要你用心去做，都能找到属于自己的快乐。之后再去与人交往，你会更有自信和力量去面对人际关系。

让我们一起学会拥抱孤独，与自己进行一场深刻的约会。**真正的强大在于敢于直面内心的孤独，并在这个过程中发现自我的力量和智慧。**

第六节 走出"我想要"的围城：追求内心的自由

生活中，我们总会遭遇压力，身心疲惫，失去前行的方向。我们陷入无尽的追求中，渐渐迷失了真实的自己。你是否曾陷入这样的困境：每天奔波劳碌，却不清楚自己真正追求的是什么？总渴望做到最好，得到所有人的认可，却发现这根本不可能。想要的太多，以至于无法专注于一件事，最终一无所成。

"我想要轻松的工作、丰厚的收入、客户的赞誉、领导的肯定。我想要完成看似不可能的绩效指标，努力证明自己的价值。我想要在职场中游刃有余地处理各种人际关系。"

"我想要提升自己的专业技能，增加知识的广度，规划好未来并预备好退路。我想要直面问题，不逃避。我还想要改变世界，但同时又能够做真正的自己。我想要保持好心态，果断且有魄力。我想要勤奋、上进、自信且积极。我想要成为一个有礼貌、不轻易评判他人的人。"

"回到家后,我又想成为家庭的支柱,照顾好每一个人;想要和家人和谐相处,花时间陪伴他们;想要得到他们的爱,让他们为我骄傲。我还想要一个轻松的家庭环境,一个可以让我放松的空间。"

"在日常生活中,我也总是想要得到更多:更好的车子、更大的房子、更丰富的旅游经历、更健康的生活方式。我想要放下手机、整理房间,让生活焕然一新……"

我们都曾有过这样的时刻:**想要的太多而能力不足,于是感到疲惫和痛苦。我们总是希望自己能拥有所有好的东西,却忽略了真实的自己。**我们总是在追求别人的认可和赞誉,却忘记了倾听内心的声音。

我们都曾在追逐欲望的道路上迷失过。**哲学家塞尼加曾言:"若你一直不满,即便你拥有全世界,内心也难以满足。"**人们常因内心的贪婪而向外探求,结果却把自己弄得心力交瘁。

汉娜,一个普通的女孩,也曾在这条路上迷茫徘徊。她渴望拥有自己的家,以结束四海为家的日子。于是,她用辛辛苦苦攒下的首付在郊区买了个小房子。初时,她觉得有了家,心便安定了,但很快,生活的琐碎和不便又开始让她心生不满。

她想要更多：一个更大的房子、一辆豪车、一份收入不菲的工作，还有那遥不可及的旅行。每一步的满足都只是短暂的欢愉，内心的空虚始终如影随形。她曾对我感叹说："我可羡慕我一个姐妹了，她每天都乐呵呵的，她不贪心，她的目标很小，一小步一小步地走，所以她很快乐。我呢，什么都想要，又想过得开心，又想有钱，又想自由，还想找一个既帅又有钱还对我好的男朋友。一辈子都在追逐之中，当然不快乐。"

每个人都有需求和欲望，但过度贪婪只会让人失去更多。**老子《道德经》中有言："祸莫大于不知足，咎莫大于欲得。"** 人生最大的灾祸就是不知足，最大的过错就是贪婪。

曾经有一个人在炎炎夏日口渴难耐，他四处寻找水源，终于找到一条清澈的小河，他却因为害怕喝不完而站在原地不动。路人见他如此奇怪，询问其原因，他却说："我很口渴，好不容易才找到这条河，可是里面水这么多，我担心喝不完。"路人笑着告诉他："你喝你自己需要的量就行了，谁要你全部喝完啊？"

这则故事告诉我们：**需求是满足基本的需要，而欲望则是无止境的贪婪。当需求变成欲望时，人们往往会为了追求**

更多而失去原有的幸福。

每个人都向往美好的生活，希望自己过得更好。然而，这并不意味着我们要贪婪地追求所有物质。只有当我们学会在能力范围内满足自己的需求时，我们才能真正感受到生活的美好。

平衡和满足来自对生活的体悟和对生命的尊重。当我们学会珍惜已经拥有的事物时，我们的心就会变得更加宁静和满足。**不要让"我想要"成为生活的全部，而是要让"我已经拥有"成为幸福的源泉。与一切无争，一切自当安静。**

那么，如何走出"我想要"的围城呢？以下是一些建议：

1. **倾听内心的声音**，学会静下心来，聆听自己内心真正的需求和愿望。不要被外界的声音所左右，相信自己的直觉和感受。

2. **放下比较的包袱**，认识到每个人都有自己的独特之处，没有必要与人比较。停止与他人竞争，专注于自己的成长和进步。

3. **勇敢面对恐惧**，对未知的恐惧只是纸老虎，勇敢地迈出第一步，你会发现其实并没有想象中那么可怕。相信自己有能力应对一切挑战。

4. **珍惜当下**，过去无法改变，未来无法预知，唯一能把握的就是现在，我们要学会欣赏和珍惜当下所拥有的一切。感恩生活中的每一个瞬间，让当下成为幸福的源泉。

5. **设定实际的目标**，不要设定过于宏大或不切实际的目标，而是要根据实际情况和自己的能力设定合理的目标。在逐步实现目标的过程中体验成就感和满足感。

6. **追求内心的平衡**，在事业、家庭、个人成长等方面寻找平衡点。不要过度牺牲某一方面去追求其他方面的成功，保持内心的和谐与平衡。

7. **培养自我控制力**，学会控制自己的欲望和冲动，不要让它们影响你的决策和行为。培养自我控制力有助于你更好地掌握自己的生活方向。

8. **不断学习和成长**，持续学习新知识、新技能，不断充实自己。通过不断成长和进步，你会发现更多的人生可能性。

走出"我想要"的围城并非易事，但通过上述建议，你可以逐渐找到内心的平静和满足。记住，<u>幸福不是目标，而是一种持续的状态</u>。让我们一起努力追求内心的自由和真正的幸福吧！

第七章

心灵归航：
找到回归平静的活法

你是否想要摆脱生活的纷扰和压力，找到内心的平静和安宁？你是否想要活出真实的自我，不再被外界的期望和压力所左右？

活出真实的自我

小测试

◎ 你是否常常感到自己的生活充满了压力和纷扰？

◎ 你是否曾经因为满足别人的期望而失去了真实的自我？

◎ 你是否想要摆脱外界的期望和压力，活出真实的自我？

◎ 你是否想要找到一种方式，让自己更加平静地面对生活？

→ 如果是，请继续阅读下去，本章将帮助你找到回归平静的方法，最终活出真实的自我，绽放你的精彩。

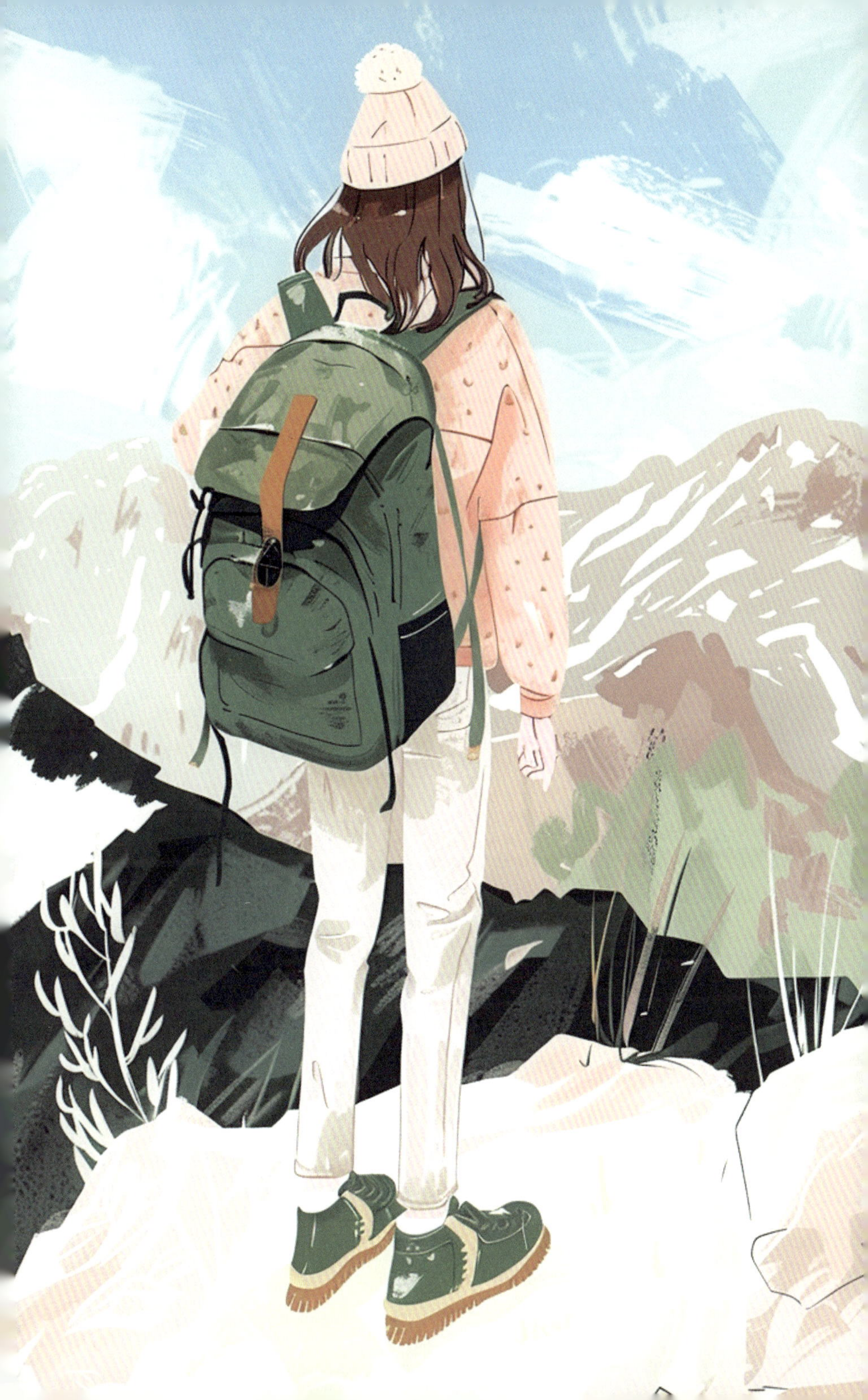

第一节
SECTION 1

**不求时光倒流，
勇敢面对遗憾**

"<u>人生最大的遗憾不是失败，而是我们没有勇气去面对失败。</u>"这句话提醒我们，在充满挑战的世界里，勇气和直面现实的态度至关重要。我们常常希望时光能够倒流，找回那些错失的机会。然而，生活教会我们，即便过去可以改变，新的错误和遗憾仍然会不断出现。接受这一点，是走向成熟的关键一步。

人生充满了复杂而艰难的选择。无论我们如何努力规划，命运总有它不可预测的转折。在这个多变的世界里，遗憾与无奈似乎总是如影随形。

怀旧情绪常常带我们回到那个纯真的童年，那时的我们在乡村的宁静中感受着生活的简单与自由。清新的泥土气息、无忧无虑的放学时光，都成了成年后无法重现的美好回忆。这些记忆如同宝贵的财富，永远镌刻在我们的心中。

随着年龄的增长，世界变得更加复杂，我们从乡村的宁静走向了城市的喧嚣。为了生计，我们忙碌奔波，只有在时间倒流的幻想中，我们才意识到曾经拥有过的一切是多么珍贵。失去后方懂得珍惜，这是生活中戏剧性的一面。

伊芙，看似人生的赢家，婚姻美满、事业有成。然而，前段时间上映的电影《前任4》中的一个情节，让她泪流满面。她跟我倾诉，她曾深爱着一个男人，却因家庭矛盾，在即将步入婚姻殿堂时选择了分手。虽然她已释怀，但伤痕依旧隐隐作痛。而朱迪，她最大的遗憾是上大学时选择了妥协，没有追求心仪的专业。现在的她，生活迷茫，只有谈及梦想时，眼中才会闪烁光芒。我自己也曾放弃梦想，深知那份苦涩。

法国牧师纳德·兰塞姆听到了许多人临终前的忏悔，其中包括一位布店老板。这位老板年轻时放弃了音乐梦想，选择了赛马，临终时满怀悔恨。他的例子提醒我们，**后悔本身就是一种惩罚，是对心灵的折磨和对过去的无情审判。**

面对遗憾的唯一解决之道是直面它。"没有哪一条路是白走的。"每一个选择，都是我们基于当时的认知和情境做出的最优决策，所以，即使走了弯路，也是必经之路。人生如单行道，无法回头，但我们可以从中吸取教训，提升自我。

遗憾是人生的常态，无论我们怎么选择，都难以完美。聪明的人会带着遗憾继续前行。经历多了，你会发现，每个选择都是最好的安排。**相信自己会幸福，看向前方**。过去的遗憾，留在心里或随风飘散都无所谓，只要别让它们束缚你、困扰你。

人生最重要的不仅是我们做出了什么选择，更在于我们如何面对这些选择。我们要有勇气和实力承担自己的人生，学会珍惜当下，不沉溺于过去的遗憾，因为只有当下才是真实的。

人生就是一个边走边悟的过程，我们要学会在经历中成长。**无论对错，都是经历；无论好坏，都是成长**。我们要珍惜每一个遇见的人，珍惜每一次的经历。只要我们用心活过、笑过、哭过、爱过、痛过、珍惜过，就没有理由后悔。

第二节
SECTION 2

圆满的观念与人生的矛盾

你是否曾在熙熙攘攘的人群中，感到与周遭格格不入，仿佛人生缺少了什么，却又难以言明？这种感受往往源于我们对"圆满"的过度追求。什么是"圆满"？它像一颗晶莹的珍珠，诱人而神秘。我们总认为，只有达到某个目标，人生才能称得上"圆满"。然而，这"圆满"的背后，是否真的如我们所想？

"圆满"，这个美好的词汇，其实暗含着一种追求和向往。从心理学的角度看，这种追求来源于我们内心深处的不安全感和对完整的渴望。然而，这种追求是否真的能带给我们内心的平静和满足？

现实总爱跟我们开玩笑。我们越是努力追求某个目标，越是感到离它越来越远。就像那个经典的悖论：你永远满足不了一颗永不满足的心。那么，人生是否真的存在一个"圆满"的境地?

弘一法师曾言:"人生最忌讳的就是过于圆满。" 他提醒我们,**过于追求完美,往往只是枉然**。我们身边不乏这样的例子:有人婚姻美满,但健康状况却不尽如人意;有人事业一帆风顺,但家庭关系却纷繁复杂。这恰恰印证了人生的无常与不完美。

曾经有个来访者,从小梦想成为一名作家。当她的作品被人夸赞时,她却若有所失,觉得自己还未达到真正的"圆满"。于是,她不断修改、重写,甚至开始怀疑自己是否真的适合写作。

我问她:"你为什么一定要追求圆满呢?"她沉默许久后回答:"因为我觉得只有这样,我才能证明自己的价值。"我笑了笑,问:"那你觉得什么样的人生才算得上'圆满'呢?"她想了想,说:"至少应该是有房有车、事业有成、家庭美满幸福吧。"我微笑着轻轻地摇了摇头,问:"那你觉得那些已经拥有这些的人,是否都感到'圆满'了呢?"她愣住了……

人生中的不圆满其实是一种常态。在这个充满矛盾的世界里,完美往往是难以企及的。**莫言曾说:"世界上的事情,最忌讳的就是个十全十美。"** 因为我们在追求完美的过程中,往往会忽略了生活的本质。

在我们心理咨询的过程中，接触过一些"微笑型抑郁者"。他们总是保持着微笑，给人以积极向上的形象。然而，当我们深入探究他们的内心世界时，却会发现一个隐藏在表面之下的真相：他们已经掉进了"圆满的陷阱"。

所谓"圆满的陷阱"，是指一个人在追求完美的过程中，不断地努力，但最终却发现自己陷入了一个无法逃脱的困境中。这种情况通常发生在对自己要求过高、对生活期望过高的人身上。他们总是想要做到最好，但却忽略了自己内心真正的需求。

微笑型抑郁者正是这样一个群体。他们总是把自己的情绪深埋心底，不愿让别人看到自己的脆弱和不安。他们认为只有通过不断努力才能获得成功和幸福，因此会不断地给自己设定更高的目标和标准。然而，当他们最终达到了这些目标时，却发现自己的生活并没有变得更加美好，反而感到更加空虚和失落。

为什么会这样呢？因为他们忽略了一个重要的事实：完美并不是人生的终极目标。虽然我们都希望自己能够取得成功并获得幸福，但这并不意味着我们必须一直追求完美。相反，我们应该学会接纳自己的不足，并从中找到成长的机会。只有这样,我们才能真正获得内心的平静和满足。

在这个世界上,没有完美的人或事。王子与公主的美好故事只存在于童话中。在现实生活中,我们应该学会接纳自己和他人的不完美。太执着于完美只会适得其反,让自己陷入无尽的困扰中。

<u>要想活得自在精彩,我们就要学会与不完美的自己和解,并享受不完美的人生</u>。这样,我们才能真正地拥抱生活,珍惜每一个美好的瞬间。当我们真正理解并接受人生的不圆满时,我们才能获得真正的内心平静与满足。

第三节
SECTION 3

闲言碎语，
淡然处之

生活中不乏这样的时刻：沉浸于书本学习却被误解为做作，精心打扮却引来非议，甚至财富的突增也让人质疑其获得的正当性。这些无处不在的流言蜚语，如同幽灵般环绕，让我们感到窒息。作家王安忆曾经形象地描述流言："**它们就好像一种无声的电波，在城市的上空交叉穿行；它们还好像是无形的浮云，笼罩着城市，渐渐酿成一场是非的雨。**"这种雨虽不猛烈，却能渗透人心。

在这个多元化的社会中，无论你的身份如何，总会有人对你评头论足。面对这些无端的批评，我们不应过度焦虑。如果我们太过认真，就会失去内心的平静。当耳边飘来无关紧要的话语时，问问自己：你能阻止所有的流言吗？你能向每个人解释清楚吗？如果答案是否定的，那么最好的做法就是让它们随风而去。**真正能够伤害你的，不是那些话语，而**

是你对它们的反应。通常，缺乏自信和过于敏感的人最容易被流言击垮。

闲言碎语是一种社会现象，它的根源在于人类社会的复杂性和多样性。每个人都有自己的观点和立场，这些因素往往会成为流言的温床。这些话语携带着负能量，能够引发人们的不安、焦虑，甚至是自我怀疑。

想象一下，当你在工作中表现出色并获得领导的赞扬时，你是否曾听到同事们的窃窃私语，暗示你是因为与领导关系好才获得机会的？这样的流言不仅让人感到愤怒和委屈，更可能会导致对自我价值的怀疑。

为什么流言会影响我们？这是因为人类天生渴望被认同和接纳。当我们听到负面评价时，内心深处会本能地开始自我怀疑，试图探究自己是否真的如他人所言。这种心理机制实际上是在寻求自我确认和肯定。

漫画家几米曾说："不要在任何一件别扭的事上纠缠太久。纠缠久了，你会烦、会痛、会厌、会累、会神伤、会心碎。到最后你不是跟事过不去，而是跟自己过不去。"一个人的人生不可能总是一帆风顺，也不可能让每个人都满意。如果对每件事都过于较真，那么无论是赢是输，最终都是对自己的消耗。

面对流言蜚语，我们应该如何应对？以下是一些建议：

1. **不和闲话较真**，因为这样做会让你感到心累。有时候你觉得心累，其实不是因为生活太苦，而是你对闲话太过较真。学会屏蔽心门外的闲话，心才能松弛下来。闲言碎语就像夏天的蚊子一样，你越是反应激烈，它越是围着你转。

2. **保持内心的平和**，当闲言碎语袭来时，首先你要意识到它们可能只是别人出于嫉妒或其他负面情绪而说出的。不要让他人的嘴巴决定你的心情，因为你的舞台是自己搭建的，不是别人给的。记住，只有你自己才能定义自己的人生价值和意义。

3. **用行动证明自己**，那些在背后说闲话的人往往是因为他们找不到存在感。与其在闲言碎语中挣扎不如用实际行动证明自己。当你取得更多的成就和进步时，那些闲言碎语自然会不攻自破。面对闲言碎语最好的方式就是微笑，然后继续做自己。时间会证明一切。

4. **保持积极的社交圈**，近朱者赤，近墨者黑。与积极鼓励你成长的人交往，他们的正能量会感染你，让你更加坚定自己的信念和目标。人生不是为了取悦别人而活，而是为了成为更好的自己。

5. **培养强大的内心**，面对闲言碎语最重要的还是培养自己强大的内心。学会自我肯定并接纳自己的优点和不足，从而更加坚定地走自己的路。当你内心足够强大时，你会发现那些闲言碎语就像微风一样轻轻掠过。

6.幽默对待，有时候用幽默的方式对待闲言碎语也是一种不错的选择。你可以用轻松的语气回应这些话语，让它们变得不那么令人尴尬和紧张。

举个前段时间来访者琳达的例子：她在公司表现出色，得到了领导的认可和赞扬。然而，有些同事开始传言她是因为与领导有特殊关系才获得这样的机会的。琳达最初感到非常委屈和愤怒，但她后来意识到与这些同事争论只会让自己陷入更大的困境，于是她选择保持冷静和沉默，用实际行动证明自己的能力。她不断努力工作，提高自己的业务水平，最终成功地获得了晋升的机会。那些流言蜚语也随之消失得无影无踪。通过这个案例我们可以看到，面对流言蜚语时保持冷静和强大的内心是非常重要的。只有通过实际行动才能让那些话语不攻自破。

记住，只有你自己才能决定自己的方向和目标，不要因为他人的话而改变自己的初衷。不要让别人的言语成为你前进道路上的绊脚石。相信自己，坚定前行。当你专注于自己的成长和进步时，你会发现那些流言蜚语就像过眼云烟一样消散不见。

第四节
SECTION 4

**在有限的人生里，
追寻心中的热爱与快乐**

在人生有限的篇章里，我们要不断追寻内心的热爱与快乐的真谛。生活的喧嚣与压力往往使我们迷失自我，盲目追求那些由外界定义的成就与完美。然而，真正的快乐与力量，其实就隐藏在我们对于所爱之事的深切热情中。你是否曾想过摆脱桎梏，按照自己的意愿去寻找真正热爱的事物，踏上心之所向的人生道路？

我的一位学员玛丽，她是一位优秀的会计师，她的手指在键盘上飞快敲击，眼神却显得有些迷茫。尽管拥有稳定的工作和高收入，但她内心却无法得到真正的满足。在这种日复一日的生活中，她开始反思：我真的喜欢这份工作吗？我是否已经失去了真实的自我？

玛丽决心摆脱这种无形的束缚，选择追随内心的声音。她辞去了工作，开始尝试各种新鲜事物，绘画、摄影、写作……每一次尝试都让她感到新鲜和快乐，但都没有让她找到那份真正心动的感觉。

直到有一天，她向我倾诉了她的迷茫。我告诉她："**快乐是一种选择，而不是一种结果。只有当你真正了解自己，接纳自己的内心世界时，你才能找到真正的快乐。**"这番话深深地触动了她的心，她开始了一段深入内心的旅程。

在这段旅程中，玛丽学会了冥想和自我反省，她开始与自己的内心对话。慢慢地，她发现了自己内心的渴望和梦想。她想要创造和分享快乐，想要看到别人的笑容和幸福。这个发现让玛丽激动不已，因为她已经找到了自己真正的热爱和快乐所在。

我们都在人生之旅中寻找着那份真正的快乐和满足，而**真正的快乐，源于我们内心的热爱与兴趣。**投身于热爱之事，我们不必受外界束缚，只听从内心的声音。无论是哪一种爱好，只要全身心地投入并不断努力，我们就能在其中找到快乐和满足。

挑战与困难是热爱的试金石。只有勇敢面对，我们才能从中获得成长并突破自己。那么，在我们繁忙的生活中，如何找到那股能够点燃内心的火焰，让生活变得更有意义呢？接下来，我将告诉你几个实用的秘诀。

1. 深入内心探索，首先问问自己究竟热爱什么？ 是音乐、绘画、旅行还是其他？当你沉浸在这些活动中的时候，你会发现内心的快乐与满足。所以别再等待，现在就去追寻你的热爱吧！

2. 分享你的快乐，找到自己喜欢的事情后，不要把它藏起来。 和朋友、家人分享你的兴趣和热爱，这不仅能加深彼此的关系，还能在你需要的时候得到他们的支持和鼓励。你会发现与他人分享自己的热爱，不仅会让自己更加快乐，还能结交到更多志同道合的朋友。

3. 持之以恒，找到自己喜欢的事情只是开始，真正重要的是持之以恒地去做。 只有全身心地投入并不断努力，我们才能在热爱的事物中获得真正的快乐和成就感。即使遇到困难和挫折，也不要轻易放弃。记住，每一次的坚持都将成为你通往成功的基石。

4. 不断学习和成长，追求热爱的事物是一个不断探索和学习的过程。 通过不断地尝试和学习新技能，你将对自己热爱的事物更加得心应手。同时，这种学习和成长也会让你更加自信和满足。

5. 找到生活中的平衡点，虽然追求热爱的事物很重要，但我们也不能忽视生活中的其他方面。 你需要找到工作和生活的平衡点，让你的热爱成为你生活的动力，而不是压力。合理安排时间，让你的生活既可以追求热爱的事物，也能照顾到其他重要的方面。

最后我想说，**生活的意义不在于你走了多远的路或者你拥有多少财富，而在于你如何走过这段旅程。只有当你全心投入到自己的热爱中并从中找到快乐时，你才能真正感受到生活的美好和意义。不要等待未来，现在就开始寻找你的热爱吧！**

第五节
SECTION 5

**简单生活，
抛弃过度的欲望与追求**

在现代社会的繁华与喧嚣中，许多人追求物质充裕，却常常感到内心空虚不安。你是否见过这样的人：他们拥有丰富的物质资源，却始终无法满足内心深处的欲望；或者，他们在人际交往中表现出色，却在精神层面无法找到真正的宁静。这种现象在物质充盈的社会中并不罕见，外在的成功往往掩盖了内在的挣扎。

欲望，这个奇妙而复杂的概念，如同一股不可抗拒的力量，驱使着我们不断追求更多。从最初的小额财富积累到逐渐膨胀的欲望，人们发现自己在金钱的雪球效应中越滚越大。然而，当个人的能力无法满足这些日益增长的欲望时，我们应该如何选择？是选择脚踏实地地提升自己，还是不择手段地去追求欲望的满足？

在这个物质充裕的时代，过度的欲望很容易让人迷失方向。当我们渴望的太多，而能力跟不上时，我们可能会选择捷径，而不是通过努力提升自己。**提前消费的行为虽然看似满足了我们的欲望，但背后隐藏着负债累累和生活方向失控的风险。**有人认为能够借款和消费是一种能力，**但实际上，这只是借钱给你的人希望你产生更多欲望的一种策略。当欲望过高时，你可能会成为别人的经济奴隶，为他们创造更多的财富，而自己却陷入财务困境。**

真正值得追求的是内心的充实和生活的真谛。那些只知追求物质而忽视充实内心的人，他们的心灵将逐渐被阴霾所笼罩，生活也会因此变得黯淡无光。正如那句名言所说：**"一个人的心中若被过度的欲望占据，便只能与痛苦为伴。"**我们常常被物质和名利所迷惑，忘记了内心的真正需求。为了一个职位、一个名牌包包而不惜透支自己的幸福感。然而，**这些外在的物质永远无法填补我们内心的空虚。**

在忙碌的都市生活中，**女性承受着更多的压力和期望。**广告牌上的模特儿微笑着，她们的眼神仿佛在说："你必须拥有这一切，才能称得上是一个成功的女性。"然而，过多的欲望往往会让我们的心灵变得焦虑不安。

莫娜曾是一个典型的完美主义者。为了获得社会认同，她不停地奔波于各种名利场。她对物质有着极高的要求，对事业有着近乎偏执的追求。然而，在这种看似光鲜的生活背后，莫娜却感到前所未有的空虚和焦虑。她失去了与家人的联系，忽略了朋友的关心，甚至对自己的内心世界也变得陌生。直到有一天，莫娜在海边散步时，看到一位捡垃圾的老太太在慢慢地捡贝壳。老太太虽然贫穷，但她脸上那种平静和满足的表情让莫娜深感震撼。那一刻，莫娜意识到，**原来幸福不是拥有更多的物质，而是享受当下，珍惜身边的人和事。**

在这个物质生活差距巨大的社会里，我们是否应该反思一下如何过上更简单的生活？**降低一些不必要的欲望并非意味着没有追求，而是注重生命丰富的内涵。**陪伴家人、阅读艺术文学作品、享受天伦之乐，让心灵得到升华。**简单生活也让我们有更多时间去感知生活中的美好。**晨起一杯清茶、夕阳下漫步、窗边一盆绽放的矮菊，这些琐碎却真切的美好更让人感到满足。**同时，简单生活对环境保护也大有裨益。**我们购买的许多商品其实是在浪费资源，简单的生活可以从源头减少浪费和污染。与孩子出门时，选择一些免费的场所也能带来快乐，城市的免费公园、博物馆和科技馆都是不错的选择。**在消费中避免盲目购买不必要的商品，我们要追求品质而非数量和价格。**

拥有一颗感恩的心是简单生活的关键。真正的幸福来源于内心，学会感恩就会发现简单生活的美好。 让内心独立，不过分依赖物质，培养内心独立，学会感恩。当我们连接内心，生活就会变得丰富精彩。**在这个物质丰富的社会中，我们不妨降低一些不必要的欲求，让生活回归简单与纯粹。**

第六节
SECTION 6

**接纳自己，
勇敢活出自己的价值**

你是否曾站在镜子前，左看右看，却仍找不到满意的自己？又或者，你是否总是为了迎合别人的期待，而忽略了自己内心真正的呼唤？

记得我曾经的一位学员，名叫雅丽。她的故事并非个例，她曾和许多女性一样，对自己的外貌深感不满。在追求美丽的征途上，她尝试了极端的减肥方法和整容手术，结果却是身心俱疲，失去了自我。当迷茫与疲惫让她来到我的面前时，我告诉她："你的人生不应仅仅只是为了取悦他人，而是要实现自我价值。"这番开导如同晨光破晓，雅丽开始内省，学习接纳自己的不完美，并逐渐发掘了自己内在的才华与魅力。如今的雅丽，已从灰姑娘蜕变为自信且光芒四射的生活女王。

在人生的旅途中，我们不仅追求外在的成就，更渴望内心的成长与完善。这是一段深入灵魂的对话，一场对真实自我的探索。只有通过认识并接纳自己的不足，我们才能找到真正的自我。当我们全然、无条件地接纳自己时，便会唤醒内在神圣的力量，这股力量激励我们不断成长，让我们成为更好的自己，让这个世界因我们的存在而更加美好。全然的接纳，是对自身最深刻的祝福。

人类一直在追寻的生命的意义，就是认识并活出真实的自己。通过与他人的交流互动，我们得以反思自身的不足，并学会接纳。尽管这个过程充满挑战，但它是个人成长不可或缺的一部分。**成长包含两方面：追求美好和接纳不完美。成熟则是学会掌握可以改变的事物，同时接纳那些无法改变的现实。** 生活犹如一面镜子，映照出"真我"的样貌。我们对自身的不满往往源于对自我的不接纳。

我们生命中的痛苦很多时候来源于对抗现实和拒绝自我。唯有当我们学会接纳自己时，才能真正超越痛苦，找到内心的宁静与力量。如莱昂纳多·科恩所言：**"万物皆有裂痕，那是光照进来的地方。"** 接纳自己是一段至关重要的精神修行，爱自己是成年人最高形式的自律。当我们经历人生的低谷，走出困境，并最终与平凡和解时，我们会发现生命中早已有了一线曙光。

心理学研究证实，自我接纳能够显著提升个人的幸福感和生活满意度。当我们开始接受自己的不完美时，内心会变得更加平和，并且会更加珍惜所拥有的一切。这种积极的心态不仅可以助力个人成长，也使我们能更好地与他人相处。

正如这句话所说："见过世界，了解众生之后，才发现你要见的世面，是自己内心的勇敢和自信。"这句话饱含哲理，为我们指明了前行的方向。真正值得探索的世界不仅在于眼前的风景，更在于内心的旅程以及那份深藏的勇敢与自信。

在纷繁复杂的世界中，如何在自己的黄金时代活出最美好的自我呢？以下是一些建议：

1. 勇敢面对内心的声音

在喧嚣的生活中，我们常常被他人的期待和评价左右，而忘记倾听内心的声音。真正的勇敢是面对自己内心的恐惧和不安，正视自己的需求和欲望。试着静下心来，聆听内心的声音，明确自己真正想要的是什么。慢慢地，你会发现自己变得更加强大和自信。

2. 自信面对人生的起起伏伏

人生不可能一帆风顺，起伏和挑战是常态，但当我们内心充满自信时，即使面对逆境也能从容应对。自信来源于对自己的了解和信任。了解自己的优点和不足，并学会发挥自己的长处，同时也要相信自己能够克服困难，不断学习和成长。

3. 细心发现生活中的美好

生活中充满了美好，但常常被我们因忙碌和焦虑而忽略。试着放慢脚步，细心观察周围的事物，感受阳光的温暖、花朵的香气、微笑的善意。当用心去感受时，你会发现生活中处处都有美好。这些美好的瞬间会给你带来愉悦和幸福感，让你更加热爱生活。

4. 不为他人的期待而活

社会和家人对我们有许多期待，但最重要的是活出自我。我们要勇敢地摆脱他人的期待，真诚地对待自己，过上自己想要的生活。不必迎合他人，更不必因为别人的眼光而迷失自己。学会为自己而活，学会追求自己的梦想和目标。你会发现，真正的幸福和满足来自内心的自由和真实。

5. 接纳自己的不完美

每个人都不完美，但这并不妨碍我们活得更好。勇敢地接受自己的缺点和不足，不因一时的失败或挫折而否定自己的全部价值。在接纳自己的过程中，我们才能真正找到自己的力量和美丽。试着用宽容的心态看待自己，给自己一些关爱和支持，相信自己有能力克服困难并不断成长。

请相信你是世界上独一无二的存在！为何要为一双不合脚的鞋挣扎不已呢？愿我们都能活出自己的价值，绽放属于自己的光芒！**在这个美好的世界里，每一位女性都值得被看见、被听见、被爱！**美丽远不止于外表！**让我们一起打开内心的世界，将那些"我不够好"的念头统统丢弃吧！**

测试量表

抑郁自评量表（SDS）

测试指导语：

本评定量表共有 20 个题目，分别列出了一些人可能会有的问题。请仔细阅读每一个条目，然后根据最近一星期以内的实际感受，选择一个与您的情况最相符的答案。A 表示没有或很少有该项症状，B 表示小部分时间有该症状，C 表示相当多的时间有该症状，D 表示绝大部分时间或所有时间有该症状。

请您不要有所顾忌，根据自己的真实体验和实际情况来回答，不要花费太多的时间去思考，顺其自然，根据第一印象做出判断。

注意：测验中的每一个问题都要回答，不要遗漏，以避免影响测验结果的准确性。

1. 我觉得闷闷不乐，情绪低沉。

A. 很少   B. 小部分时间

C. 相当多的时间　　　　D. 绝大部分时间

2. 我觉得一天之中早晨最好。

A. 很少　　　　　　　　B. 小部分时间

C. 相当多的时间　　　　D. 绝大部分时间

3. 我一阵阵哭出来或觉得想哭。

A. 很少　　　　　　　　B. 小部分时间

C. 相当多的时间　　　　D. 绝大部分时间

4. 我晚上睡眠不好。

A. 很少　　　　　　　　B. 小部分时间

C. 相当多的时间　　　　D. 绝大部分时间

5. 我吃得跟平常一样多。

A. 很少　　　　　　　　B. 小部分时间

C. 相当多的时间　　　　D. 绝大部分时间

6. 我与异性密切接触时和以往一样感到愉快。

A. 很少　　　　　　　　B. 小部分时间

C. 相当多的时间　　　　D. 绝大部分时间

7. 我发觉我的体重在下降。

A. 很少　　　　　　　　B. 小部分时间

C. 相当多的时间　　　　D. 绝大部分时间

8. 我有便秘的苦恼。

A. 很少　　　　　　　　B. 小部分时间

C. 相当多的时间　　　　D. 绝大部分时间

9. 我心跳比平时快。

A. 很少　　　　　　　　B. 小部分时间

C. 相当多的时间　　　　D. 绝大部分时间

10. 我无缘无故地感到疲乏。

A. 很少　　　　　　　　B. 小部分时间

C. 相当多的时间　　　　D. 绝大部分时间

11. 我的头脑和平常一样清楚。

A. 很少　　　　　　　　B. 小部分时间

C. 相当多的时间　　　　D. 绝大部分时间

12. 我觉得经常做的事情并没有困难。

A. 很少　　　　　　　　B. 小部分时间

C. 相当多的时间　　　　D. 绝大部分时间

13. 我觉得不安而平静不下来。

A. 很少　　　　　　　　B. 小部分时间

C. 相当多的时间　　　　D. 绝大部分时间

14. 我对将来抱有希望。

A. 很少　　　　　　　　B. 小部分时间

C. 相当多的时间　　　　D. 绝大部分时间

15. 我比平常容易生气激动。

A. 很少　　　　　　　　B. 小部分时间

C. 相当多的时间　　　　D. 绝大部分时间

16. 我觉得做出决定是容易的。

A. 很少　　　　　　　　B. 小部分时间

C. 相当多的时间　　　　D. 绝大部分时间

17. 我觉得自己是个有用的人，有人需要我。

A. 很少　　　　　　　　B. 小部分时间

C. 相当多的时间　　　　D. 绝大部分时间

18. 我的生活过的很有意思。

A. 很少　　　　　　　　B. 小部分时间

C. 相当多的时间　　　　D. 绝大部分时间

19. 我认为如果我死了别人会生活得更好。

A. 很少　　　　　　　　B. 小部分时间

C. 相当多的时间　　　　D. 绝大部分时间

20. 平常感兴趣的事我仍然感兴趣。

A. 很少　　　　　　　　B. 小部分时间

C. 相当多的时间　　　　D. 绝大部分时间

计分方法

正向计分题选择 A、B、C、D，分别按 1、2、3、4 分计；反向计分题选择 A、B、C、D，分别按 4、3、2、1 分计。

正向计分题号：1、3、4、7、8、9、10、13、15、19。

反向计分题号：2、5、6、11、12、14、16、17、18、20。

总分乘以 1.25 后取整数，即标准得分，标准得分分数越高，表示这方面的症状越严重。

结果解释

一般来说，本自评量表标准得分的分界值为 53 分；

其中，53~62 分为轻度抑郁，63~72 分为中度抑郁，73 分以上为重度抑郁。

分值越高，说明您的抑郁症状越严重，需要接受心理咨询甚至需要在医生的指导下服药。

夫妻关系焦虑量表

测试指导语：请仔细阅读以下每个问题，并选择最符合您情况的答案。请注意，此量表旨在评估您对夫妻关系的焦虑程度，而非对个人心理健康的评价。A 表示完全不符合，B 表示较不符合，C 表示一般，D 表示较符合，E 表示完全符合。请您不要有所顾忌，根据自己的真实体验和实际情况来回答，不要花费太多的时间去思考，顺其自然，根据第一印象做出判断。

1. 我经常担心我的配偶不再爱我。

   A. 完全不符合　　B. 较不符合　　C. 一般

   D. 较符合　　　　E. 完全符合

2. 与配偶相处时，我常感到紧张和不安。

   A. 完全不符合　　B. 较不符合　　C. 一般

   D. 较符合　　　　E. 完全符合

3. 我经常担心配偶会对我失望或不满。

   A. 完全不符合　　B. 较不符合　　C. 一般

D. 较符合　　　　E. 完全符合

4. 与配偶争吵时，我常常感到害怕或无助。

A. 完全不符合　　B. 较不符合　　C. 一般

D. 较符合　　　　E. 完全符合

5. 我经常担心配偶会离开我。

A. 完全不符合　　B. 较不符合　　C. 一般

D. 较符合　　　　E. 完全符合

6. 我常常因为配偶的行为而感到担忧或不安。

A. 完全不符合　　B. 较不符合　　C. 一般

D. 较符合　　　　E. 完全符合

7. 我经常担心自己无法满足配偶的期望。

A. 完全不符合　　B. 较不符合　　C. 一般

D. 较符合　　　　E. 完全符合

8. 我经常担心配偶不再尊重我。

A. 完全不符合　　B. 较不符合　　C. 一般

D. 较符合　　　　E. 完全符合

9. 与配偶在一起时，我常常感到不自在或拘束。

A. 完全不符合　　B. 较不符合　　C. 一般

D. 较符合　　　　E. 完全符合

10. 我经常担心配偶会背叛我。

A. 完全不符合　　B. 较不符合　　C. 一般

D. 较符合　　　　E. 完全符合

计分方法

选择"A"得1分，选择"B"得2分，选择"C"得3分，选择"D"得4分，选择"E"得5分。将10个问题的得分加起来，即为总分。

结果解释

总分在10~20分：表明夫妻关系焦虑程度较低。您的夫妻关系可能比较和谐，或者您对夫妻关系的态度比较乐观和自信。

总分在21~40分：表明夫妻关系焦虑程度中等。您可能对夫妻关系有一定的担忧和不安，但这些情绪尚未严重影响您的日常生活和心理健康，可以尝试采取一些缓解焦虑的措施，如沟通、寻求专业帮助或参与有益身心的活动。

总分在41~50分：表明夫妻关系焦虑程度较高。您的担忧和不安可能已经对您的日常生活和心理健康造成了一定的影响。建议您进行专业的心理咨询或治疗，以帮助您处理夫妻关系中的焦虑问题。

亲子关系焦虑量表

测试指导语：请仔细阅读以下每个问题，并选择最符合您情况的答案。请注意，此量表旨在评估您对亲子关系的焦虑程度，而非对个人心理健康的评价。A 表示完全不符合，B 表示较不符合，C 表示一般，D 表示较符合，E 表示完全符合。请您不要有所顾忌，根据自己的真实体验和实际情况来回答，不要花费太多的时间去思考，顺其自然，根据第一印象做出判断。

1. 我经常担心我的孩子不够爱我。

    A. 完全不符合　　B. 较不符合　　C. 一般

    D. 较符合　　　　E. 完全符合

2. 与孩子相处时，我常感到紧张和不安。

    A. 完全不符合　　B. 较不符合　　C. 一般

    D. 较符合　　　　E. 完全符合

3. 我经常担心孩子会对我失望或不满。

A. 完全不符合　　B. 较不符合　　C. 一般

D. 较符合　　　　E. 完全符合

4. 孩子不听我的话时，我常常感到生气或无助。

A. 完全不符合　　B. 较不符合　　C. 一般

D. 较符合　　　　E. 完全符合

5. 我经常担心孩子会做出一些不好的行为。

A. 完全不符合　　B. 较不符合　　C. 一般

D. 较符合　　　　E. 完全符合

6. 我常常因为孩子的行为而感到担忧或不安。

A. 完全不符合　　B. 较不符合　　C. 一般

D. 较符合　　　　E. 完全符合

7. 我经常担心自己无法满足孩子的期望。

A. 完全不符合　　B. 较不符合　　C. 一般

D. 较符合　　　　E. 完全符合

8. 我经常担心孩子不再尊重我。

A. 完全不符合　　B. 较不符合　　C. 一般

D. 较符合　　　　E. 完全符合

9. 与孩子在一起时，我常常感到不自在或拘束。

A. 完全不符合　　B. 较不符合　　C. 一般

D. 较符合　　　　E. 完全符合

10. 我经常担心孩子会受到伤害或遭遇不幸。

A. 完全不符合　　B. 较不符合　　C. 一般

D. 较符合　　　　E. 完全符合

计分方法

选择"A"得1分,选择"B"得2分,选择"C"得3分,选择"D"得4分,选择"E"得5分。将10个问题的得分加起来,即为总分。

结果解释

总分在10~20分:表明您对亲子关系的焦虑程度较低。您与孩子的关系可能比较和谐,或者您对亲子关系的态度比较乐观和自信。

总分在21~40分:表明您对亲子关系的焦虑程度中等。您可能对孩子有一定的担忧和不安,但这些情绪尚未严重影响您与孩子的互动和关系。你可以尝试采取一些缓解焦虑的措施,如加强沟通或寻求专业帮助。

总分在41~50分:表明您对亲子关系的焦虑程度较高。

您的担忧和不安可能已经对您的日常生活、工作和与孩子的关系造成了一定的影响。建议您进行专业的心理咨询或治疗，以帮助您处理亲子关系中的焦虑问题。